考えながら書く
人のための
Scrivener

［スクリブナー］

for Windows 入門

小説・論文・レポート、長文を書きたい人へ

向井領治 著

はじめに

　本書は、おもに長文作品を執筆するためのWindows用アプリ「Scrivener」（スクリブナー）Ver. 3の入門書です。2017年に上梓したMac向けの『考えながら書く人のためのScrivener入門・Ver. 3対応改訂版』をもとに全面改稿しました。

　文章を書くためのアプリはたくさんありますが、英国・Literature & Latte社が開発するScrivenerは、単に文書を作成するのではなく、企画から執筆を経て脱稿までの試行錯誤を柔軟なものにしてくれる、書き手のためのアプリです。本書もWindows版のScrivenerで執筆しました。

　本書では、Scrivenerが持つ数多くの機能を目的別に紹介するとともに、さまざまな執筆スタイルに応えるため、カスタマイズの設定についても多く紹介しています。一方、日本語作品の習慣に合わない機能や、レイアウトデザイン、電子書籍の制作など、原稿執筆に直接関わらない機能は別の機会に譲ります。

　解説に使用した文芸作品のプロジェクトファイルは、筆者主催のWebサイト「S2ファンサイト──考えながら書く人のための Scrivener & Scapple ニュースとフォーラム」（https://s2.mukairyoji.com）にて無償配布します。あわせてご利用ください。

　本書が読者の皆様の作品づくりに役立てば幸いです。

2021年8月　向井領治

CONTENTS

1

導入する

Scrivenerを導入するにあたって知っておきたい、機能の概要、トライアル版のインストール、正式版の購入方法などを紹介します。次章から本格的に使っていくために、日本語向けの環境設定も済ませておきましょう。

1-1 Scrivenerの概略

Scrivenerは書き手のための数多くの工夫がなされていて、一般的な文書作成アプリとは設計思想が大きく異なります。長文作品の執筆は得意ですが、日本語特有の組版ルールや複雑なレイアウトには不向きです。

1 "by writers, for writers"

「Scrivener」（スクリブナー）は、イギリスのLiterature & Latte社（www.literatureandlatte.com）が開発する、おもに長文作品を執筆するためのオールインワンアプリです。

同社のWebサイトに掲載されている紹介文によると、創業者であるKeith Blount氏はもともと小学校の教師で、小説や論文を書くアプリを選ぶのに悩んだのち、Macのプログラミングを勉強して自らScrivenerを開発しました。現在もmacOS版とiOS版の開発はもっぱらKeith氏が行っていて、公式Webサイトには「by writers, for writers」のキャッチフレーズがあります。

macOSに対応した最初のバージョンは2007年1月に発売され、2010年10月にはVer.2、2017年11月にはVer.3とバージョンアップし、機能を増やしてきました。

Windows版は2011年10月にVer.1が発売されましたが、開発の遅れからVer.2は欠番となり、macOS版のVer.3の発売と同時に、それと同等まで機能を増やすことを目標にしたVer.3の開発が発表されました。それから約3年半のオープンベータテストを経た2021年3月に、本書で紹介するVer.3が発売されました。以後本書では原則として単に「Scrivener」と表記します。

Scrivenerで本書を執筆中の画面

2 ┃ どんな人がScrivenerを使っているか

オンラインで行ったアンケートの結果や、SNSやブログを調べたところによれば、Scrivenerユーザーのほとんどは、ジャンルにかかわらず、自ら長文を執筆する、または、既存の原稿を扱う機会が多い方です。

具体的には、プロ・アマの小説家をはじめ、映画やテレビの脚本家、ゲームや漫画のシナリオライター、さまざまなジャンルのライター、エッセイスト、ブロガー、人文系・理数系・医薬系の研究者や大学院生、評論家、法曹家などにユーザーがいます。

また、外国語の著作や学術論文の翻訳、インタビューや講演の文字起こし・構成など、他人の原稿を整理・編集する目的で使う方もいます。

ほかにも、Scrivener以外のアプリで執筆した原稿の再構成や仕上げ、映画・ゲーム・漫画のプロットづくり（箱書き）、汎用の資料庫など、一部の機能だけを割り切って使う方も少なくないようです。

なお、本書の原稿もScrivenerで執筆しました（印刷書籍のレイアウトや電子書籍の制作には使用していません）。

NOTE 海外のブログなどを検索すると、電子書籍のセルフパブリッシングで多数の作品を自ら配信している作家や、Scrivenerを使った執筆術セミナーの講師をよく見かけます。大胆な使い方をしている方もいるので、興味のある方は検索してみてください。

3 ┃ Scrivenerで何ができるか

小説や論文に代表されるような長文の作品を書くことは、一方向に文章を書き進めるだけの直線的な作業ではありません。アイデアを沸き立たせ、資料を集め、構想を練り、細部を執筆し、読み返しては書き直し（推敲し）、さらにはこれらの作業を部分的にも全体的にも繰り返し、完成時には発表形態に応じて整えることが必要です。しかも、やり方に正解はなく、スタイルは人それぞれです。

文章を書くためのアプリはたくさんありますが、そのほとんどは、執筆作業を直線的なものとして扱っているように思われます。たとえば、企画から脱稿までの作業を分けて考えると、理想的な流れは次の図のようなものでしょう。

理想的な執筆の流れ

しかし実際には、ごく一部の実用文書を除くと、このような流れは現実的ではなさそうです。企画の段階からクライマックスシーンをイメージすることもあれば、ほとんど書き終えたのに納得できず基

本設定からやり直すこともあるでしょう。あるところまでは事前に作ったプロットどおりに書き進んだのに、どうしてもそこから先が書けずアイデアを練り直したり、逆に、とにかく書いてから考えようという場合もあります。あらかじめプロットを作るのが苦手で、個別のエピソードを書きためてから構成を取りまとめていくスタイルもあるでしょう。さらに、あるスタイルをつねに貫徹するのではなく、作品ごとに変えたり、ある箇所だけ変えることも多いのが実情のようです。

　結局のところ、実際の執筆の流れは、次の図のようなものと思われます。

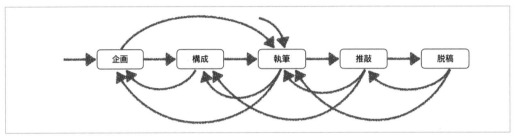

実際の執筆の流れ

　本書で詳述していくとおり、Scrivenerには数多くの機能がありますが、その根本にある設計思想は、執筆作業を直線的なものとして捉えるのではなく、試行錯誤ができる、考えながら書けるようにすることです。具体的には、3つの特徴があげられます。

● 特徴① 原稿を分割して扱える

　一般的な文書作成アプリでは、ひとまとまりの原稿は1つのドキュメント、1つのウィンドウで書き進めます。これはまるで巻物のようなもので、別の箇所を参照するにはそこまでスクロールする必要がありますし、内容を組み替えるには本文を直接カット＆ペーストする必要があります。

　たしかに、見出しをつけて目的の箇所へ移動しやすくしたり、見出しを設定してアウトラインを組み替えたり、ウィンドウを分割して同時に複数の箇所を参照したりできるアプリは多くありますし、たとえばWordはこの機能をすべて備えています。しかし、原稿の全体は巻物のように連続したものとして扱われていることに変わりはありません。

　一方Scrivenerでは、原稿は「断片を連結したもの」として扱うので、任意に分割できます。これは紙を束ねてバインダーにまとめるようなもので、追加と削除、順序の入れ替えなどが簡単になるだけでなく、全体の見通しもよくなります。作品が完成したときや、最新の状態を通して読み返すときは、分割した原稿を取りまとめて、所定の処理をしたうえで単一のファイルとして出力します。

NOTE　文章以外のジャンルの作品を作るアプリでは、断片を組み合わせて全体を構成するほうがむしろ一般的です。音楽（DTM）アプリでは「シーケンス」、映像（DTV）アプリでは「フッテージ」などと呼ばれる断片を組み合わせて全体を構成していきますし、イラストの制作や写真の修正で使うグラフィックアプリでは「レイヤー」と呼ばれる透明なシートのようなものを重ねます。最後に全体を取りまとめて完成作品のファイルを出力する点も同じです。実際、これらのアプリの経験を持つ方のほうが、Scrivenerに早くなじめるようです。

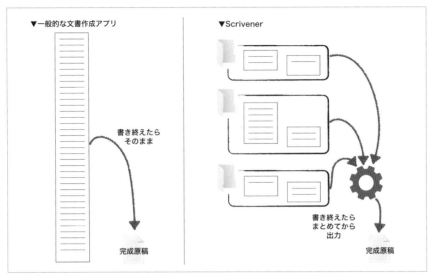

一般的な文書作成アプリとScrivenerの原稿の扱い方の違い

● 特徴② 書き手用のスペースがある

完成した本を読むときは、必要に応じて付せんを付けたり、マーカーを引いたりすることが多くあります。

ところが一般的な文書作成アプリでは、執筆に必要な資料や覚え書きを収めたり、執筆途中の原稿に作業用のメモを入れることはできません。個別の語句に対してコメントを付けられる程度です。ここでも、ドキュメントは完成原稿を目指すだけのものという直線的な発想が見られます。執筆作業は読者に見せる必要がないにもかかわらず、書き手のための機能はほとんどありません。

一方Scrivenerでは、原稿とは別に、集めた資料や自分で作成した覚え書きを収めることができます。また、分割した個々の原稿の属性には、さまざまな覚え書きや分類を設定できます。本文にはマーカーを引いたりコメントを付けられます。作品として出力するときは作業用のものをすべて削除できるので、舞台裏を読者に見せる必要はありません。

NOTE 一般にDTMやDTVのアプリでは、作り手のための機能はたいへん充実しています。時間軸にマーカーを付けたり、シーケンスを色分けしたり、フッテージにコメントを付ける機能は、古くから多くのアプリで採用されています。

● 特徴③ 作業を逆戻りできる

Scrivenerは、本文の執筆だけでなく、資料集めや構想作りの機能も数多く備えている、オールインワン型のアプリです。

たしかに、資料集め、アウトライン操作、原稿の履歴管理といった個々の機能に限れば、専用アプリのほうが優れている場合もあります。しかし複数のツールを使い分ける場合は、ファイルの互換性に注意したり、書き出しや読み込みの手順が必要です。結果、先行して作業していた内容を取り込んだり、

前の工程へ戻ることも面倒になりがちです。

オールインワンアプリであればこのような問題はありません。いったん別の場所へよけておいて参照しながら新しい作業を進めたり、表示形式を変えて部分的に前の段階からやり直したりできるので、執筆の途中で進め方を変えても柔軟に対応できます。

また、ファイルの書き出しや読み込みもできるので、ある作業だけ別のアプリを使ったり、逆にScrivenerをある作業に限定して使うこともできます。

NOTE Scrivenerの設計思想に興味のある方は、[ヘルプ]→[Scrivenerのマニュアル]を選び、ユーザーマニュアルの第1章「Philosophy」をお読みください。英文ですがレターサイズで2ページの短いものです。

4 Scrivenerは何に向かないか

Scrivenerは多機能ですが、執筆のスタイルやアプリに求めるものは人によりけりですので、必要な機能がサポートされていない場合もあります。たとえば、以下のような要望については、別のアプリを併用するか、限定した範囲で使うなどの対策が必要です。

- 日本語特有の組版ルール……ルビ、傍点、縦書き、縦中横、行頭行末禁則文字、行末ぶら下がり／押し込み、割注などの指定はできません。ただし、日本語の文章の執筆には問題ありません。
- 文字数を指定した書式……「○文字×○行」のような、1行の文字数と、行数を指定した用紙設定はできません。文字数を数える方法はカスタマイズできず、厳密な計数もできません。
- 文書校正……日本語の文章を校正する機能はありません。
- 複雑なレイアウト……段組み、図の回り込み、テキストボックスを使った任意の位置への配置など、複雑なレイアウトはできません。
- 表、図形、数式……表は作成できますが、あまり使い勝手がよくありません。また、図形や数式のエディターは内蔵していません。
- リアルタイムの共同執筆……同一の原稿を、同時に複数の端末で開くことはできません。これはユーザーが1人であっても同じです。

よって本書では、構想作りから脱稿まで、原稿本文の執筆に役立つ機能に限って紹介します。印刷書籍のレイアウトや電子書籍の制作は扱いません。

5 macOS版・iOS版との機能の違い

Scrivenerには、本書で扱うWindows版（Ver.3）のほかに、macOS版（Ver.3）とiOS版（Ver.1）があり、ファイルに互換性があるので、別のOSで開いて同じ作品の執筆を続けられます（ファイルの互

換性については「6.4.2 ほかのOSやバージョンとプロジェクトを交換する」を参照）。

　ただし、3つのOSで機能は異なります。大手ソフトメーカーの有名アプリでは多少見た目が異なって
も、少なくともWindows版とmacOS版の機能は同等であることがほとんどです。しかし、
Scrivenerはもともとの macOS版から開発が始まったこともあり、最も機能が充実しているのは
macOS版です。

　Windows版のVer.3はmacOS版のVer.3と同等の機能を搭載することを目標に開発されましたが、
実際には少なからず違いがあります。もっとも重要な違いは、macOS版では本文の縦書きができます
が、Windows版ではできないことでしょう（Ver.3.0.1）。それ以外の「macOS版にあって、Windows
版にない機能」としては、タブを使った複数プロジェクトウィンドウの統合、タイプライタースクロール
の高さの設定などがあります。逆に、「Windows版にあって、macOS版にない機能」もあります。た
とえばmacOS版では、アプリ内でのキーボードショートカットのカスタマイズができません（Ver.3.2.2）。

　今後Windows版もマイナーバージョンアップをして機能を増やしていくと思われますが、少なくと
も現時点で同等ではない点には注意してください。

　また、iOS版はもっとも機能が少なく、テキストの連結表示、コルクボード表示でのカードの自由配置、
アウトライン表示、GUIを使ったコンパイルの詳細設定などができません。そのかわり、価格もほぼ半
分です。

> **NOTE** macOS版やiOS版に興味がある方は、それぞれ拙著『考えながら書く人のためのScrivener入門・
> Ver.3対応改訂版』『いつでもどこでも書きたい人のためのScrivener入門 for iPad & iPhone』（いずれ
> もビー・エヌ・エヌ刊）を参照してください。

COLUMN Scrivenerは短い作品には不向き?

　Scrivenerは長文の作品を前提に開発されているので本書でもそのように紹介していますが、だからといっ
て、短い作品に不向きということはありません。筆者自身、2,500〜4,000文字程度のインタビュー記事を構
成するときに、1つでも多くの話題を盛り込み、読み物として自然な流れに組み替えるために、たいへん役立っ
た経験があります。

　たしかに長い作品のほうが構成はより複雑になりますし、短い作品の執筆にScrivenerを使うのは大仰に
感じるかもしれません。しかし、作品に盛り込む要素と構成は、長短と関係なく慎重に検討すべきですし、そ
のような作業はScrivenerがもっとも得意とするところです。

　短編の場合、作品ごとにプロジェクトを作るのは面倒ですが、すべての短編を1つのプロジェクトにまとめて
保存するとよいでしょう。長さにかかわらず同じアプリを使って1つにまとめておくことで、一層"手になじむ"と
いうメリットもあります。

　もちろん、作品の長短でツールを使い分けるのも執筆スタイルの1つですが、短いというだけでScrivener
を外してしまうのはもったいないかもしれません。

1-2 インストール

Scrievnerの利用はライセンスの購入状態にかかわらず、まずは無料のトライアル版をインストールすることから始めます。旧バージョンと併用することもできます。最初に起動したときは初期設定が必要です。

1 トライアル版と正規版

　Scrivenerを利用するには、まず無料配布されているトライアル版（体験版）をインストールします。早くも購入を決めている場合や、すでに購入していて新しいPCへ追加インストールする場合でも、まずトライアル版をインストールしてください。

　Scrivenerのライセンスを購入すると、固有のシリアルコードが発行されます。これをトライアル版のアプリへ登録して正規ユーザーとして認証を受けると、以後は正規版として利用できます。この手続きを「アクティベーション」と呼びます。

　トライアル版では、最初に起動した日から30日間、すべての機能を使うことができます。この30日間とは、Scrivenerを起動していた日数の合計です。起動しなかった日は数えられないので、たとえば、毎週土曜日と日曜日だけ起動すると15週間利用できます。ただし、Scrivenerを起動したままPC本体をスリープすると、その期間も算入されるので注意してください。

NOTE ここでは便宜的にトライアル版と正規版と呼んでいますが、アプリ本体が違うのではなく、アクティベーションを行ったかどうかで判別されます。言い換えると、アプリにシリアルコードを登録していない、あるいは、いったん登録した後に解除した状態がトライアル版です。よって、ライセンスを購入した後にアプリを入れ替える必要はありません。

2 トライアル版のインストール

　トライアル版のインストーラーは開発元のWebサイトからダウンロードできます。

→ 「Download Scrivener」（Literature & Latte）
https://www.literatureandlatte.com/scrivener/download

　または、「scrivener windows download」のキーワードでネット検索しても見つけられるでしょう。その場合は、URLが前記したものと同じであるか確認してください。ダウンロードにあたって、メールアドレスなどを登録する必要はありません。ファイルサイズは約140MBです。

トライアル版をダウンロードする

Ⓐ「Windows x64」：使用するPCに合わせて切り替えます。「x64」は64ビット版の意味です。使用
するシステムが32ビット版であれば、クリックして「Windows x32」へ切り替えます。
Ⓑ「DOWNLOAD」：ダウンロードを始めます。

インストーラーはWindowsアプリで標準的なものですので、手順は省略します。

インストーラーの最初の画面

> **NOTE**　使っているPCが64ビットと32ビットのどちらであるかを確かめるには、Windowsのスタートメニューから［設定］を選び、「システム」→「詳細情報」の順に選び、「システムの種類」の欄を調べます。

3 Ver.3とVer.1の両方を使う

いま使っているPCにすでにVer.1をインストールしている場合は、Ver.3を追加インストールして併用できます。Ver.3はまだリリースされたばかりで不安定な面もありますし、不慣れな新バージョンへ一気に乗り換えると肝心の執筆に影響するおそれもあるので、Ver.1と併用して段階的に切り替えていくことをおすすめします。

両方のバージョンを併用するには、インストール途中のインストール先フォルダを指定する画面で、新しいフォルダを作成するように指定します。

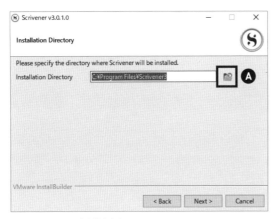

Ver.3のインストール先を指定する

🅐インストール先のフォルダを変更する場合はクリックします。

4 最初の起動での初期設定

インストールが終わったら、起動してみましょう。最初の起動時には、必要最小限の初期設定が必要です。設定内容には独特のものがあり、これ自体がScrivenerの特徴をよく表しています。インストール時にとくに設定内容を変える必要はありませんし、すべてあとから変更できますが、初めて使う方は迷う可能性があるのでステップ式で紹介します。

STEP
01

スタートメニューから「Scrivener 3」→「Scrivener」を選んで起動します。

STEP

02

「Choose Backup Folder」《バックアップフォルダを選択》の画面では、「Next」ボタンをクリックします。

Scrivenerは初期設定で原稿のバックアップを5段階作成します。この画面は、バックアップ先のフォルダを指定するものです。この設定が最初に表示されることからも、いかに原稿を大切に扱っているかがわかります。変更手順は「2.1.5 バックアップを作成する」で紹介します。

STEP

03

「Choose Default Shortcut Scheme」《初期設定のショートカット体系》の画面では、「次へ」ボタンをクリックします。

これは、キーボードショートカットの組み合わせを3種類から選ぶ設定で、初期設定は「Windows版Ver.3風の組み合わせ」の意味です。好みで変えてもかまいませんが、本書ではこのまま進めたものとして扱います。変更手順は「4.5.5 キーボードショートカットをカスタマイズする」で紹介します。

STEP

04

「Take Tutorial?」《チュートリアルを行いますか?》の画面では、「Start Using Scrivener」《Scrivenerを使い始める》ボタンをクリックします。

Scrivenerには自習用のチュートリアルが付属しますが、英語ですので、本書では省略します。興味のある方は、新しいプロジェクトを作成する「プロジェクト・テンプレート」の画面で「対話式チュートリアル」を選んでプロジェクトを作成してください。

STEP 05

「Scrivener is unlicensed」《Scrivenerはライセンスされていません》の画面では、「Continue Trial」《トライアルを続ける》ボタンをクリックします。

この画面は、ライセンスを登録していない間、つまり、トライアル版として利用している間は、起動するたびに表示されます。まだ購入しない（いまはトライアル版として使う）場合には、「Continue Trial」ボタンをクリックするとウィンドウを閉じます。なお、使用できる残り日数もこのウィンドウに表示されます。

STEP 06

「Project Templates」ウィンドウが開いていることを確かめてください。これで初期設定は完了です。

このウィンドウは、新しい作品を執筆するときの起点になる「プロジェクト」を作成するものです。詳細は「2.1.2 プロジェクトを作る」で紹介します。

すぐに購入する場合は「1.3 新規購入とアップグレード」へ、引き続きトライアル版として作業を進める場合は「1.4 日本語向けの環境設定」へ読み進めてください。

あるいは、ここでいったん作業をやめる場合は、「Cancel」ボタンをクリックするとScrivenerを終了します。

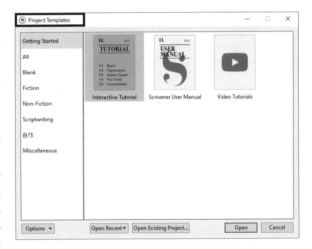

1-3 新規購入とアップグレード

機能に納得したら、購入方法を確認してから購入しましょう。条件を満たせば複数台へもインストールできます。PCが不要になったらアクティベーションを解除することも忘れないでください。

1 3つの購入方法

Scrivenerのライセンスを購入するにはWebサイトまたはアプリ内から手続きしますが、どちらもインターネット接続が必要です。決済には、クレジットカード、PayPalなどが使えます。支払いは日本円で行えます。

Scrivenerのライセンスは買い切り制です。一定期間ごとに定額を支払うサブスクリプション制ではありません。創業者は公式フォーラムなどで、将来のことはわからないものの、会社の運営を続けられる限りサブスクリプション制へ移行する計画はないと折に触れて表明しています。

購入方法には、新規／アップグレード／バンドル版の3つがあります。以下で紹介する価格や割引率などは執筆時点のものです。

◉ 新規購入する場合

初めてScrivenerを購入する場合、新規ライセンスの価格は5,800円です。不定期に割引クーポンコードが配布されることがあるので、購入前に公式Twitter（@ScrivenerApp）などをチェックするとよいでしょう。

◉ Ver.1からアップグレードする場合

Ver.1からアップグレードする場合は優待があります。

2017年11月20日以降に購入していた場合は、無償でVer.3へアップグレードできます。この日は、macOS版のVer.3がリリースされると同時に、Windows版のVer.3の開発が公表された日です。

それ以前に購入していた場合は、49％割引の価格で購入できます。

いずれも、購入時には「Upgrade From An Older Version」《旧バージョンからのアップグレード》と書かれているメニューを選んでください。正規ユーザーであることを証明できると、購入日が自動的に判別されて、全額または49％の割引クーポンがその場で発行されます。メールなどで事前に申請する必要はありません。

◉ macOS版と同時に新規購入する場合

Windows版とmacOS版を1本ずつ購入すると11,600円ですが、両方を同時に新規購入するバンドル版（Bundles）は、約20％割引の9,290円です。バンドル版は、Webサイトから購入する必要があります。アプリ内からは購入できません。

なお、すでにmacOS版を購入していてWindows版を買い足す場合は、新規ユーザーとして

Windows版を購入してください。過去にはその場合の優待がありましたが、販売業者の変更に伴いこの設定はなくなりました。

▌2 購入手続き

新規ライセンスまたはバンドル版を購入する場合は、開発元のWebサイトから購入するか、先にトライアル版をインストールしてアプリ内から購入します。ただし、新規ライセンスの場合は、アプリ内から購入するほうが間違えるおそれが少ないのでおすすめです。

Ver.1からアップグレードする場合はアプリ内から購入します。もしもVer.1がインストールされていないPCから購入する場合は、Ver.1を購入したときのメールアドレスとライセンスコードを用意してください。

決済とアクティベーションを実際に行うのは「Paddle」という別の企業で、手続きにはこの名前が表示されます。

◉ Webサイトから購入する場合

Webサイトから購入する場合は、Webブラウザを開いて開発元のストアへアクセスします。

→「Buy Scrivener」(Literature & Latte)
https://www.literatureandlatte.com/store/scrivener

Webサイトから購入する

Ⓐ「Windows」：Windows版を購入する場合にクリックします。
Ⓑ「Bundles」：バンドル版を購入する場合にクリックします。

購入するほうのタブへ切り替えてから、「BUY NOW」ボタンをクリックします。以後は表示に従って、メールアドレスを入力したり、決済方法を選んだりしてください。

　手続きが完了すると、注文書とライセンスコードがメールで届きます。ライセンスコードをアプリへ登録する手順は「1.3.3 手作業でのアクティベーション」で紹介します。

◉ アプリ内から購入する場合

　アプリ内から購入する場合は、トライアル版の起動時に表示される「Scrivener is unlicensed」のウィンドウから操作します。すでにいずれかのプロジェクトを開いているときは、［ヘルプ］→［Buy Now...］を選ぶと同じウィンドウが開きます。

アプリ内から購入する

　🅐「Buy Now」：新規ライセンスを購入します。
　🅑「Upgrade ...」：Ver.1からアップグレードします。

　どちらも新しいウィンドウが開くので、以後は表示に従って、必要事項を入力するなどしてください。割引されるときは、クレジットカード番号などを入力する前に割引後の価格が表示されるので、金額を確認してから手続きを進めてください。

　アップグレードする場合は、Ver.1を購入したときの情報が必要です。アクティベーション済みのVer.1がPCにインストールされている場合は、そのライセンス情報を自動的に送信できます。「Check for Discount」《割引を確認》のボタン（次頁①）が表示されたらそれをクリックすると、ディスクの中を調べます。しばらく時間がかかるので、そのまま待っていてください。正規ユーザーと確認されると「You are eligible for a discount.」《割引を受ける資格があります》と表示されます（②）。「Get Coupon」《クーポンを取得》ボタンをクリックすると、購入日に応じて割引クーポンが発行され、その場で自動的に割引されます（③〜④）。

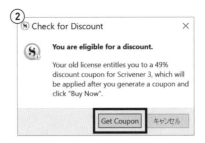

Ver.1がインストールされていると自動的にアップグレードの優待が受けられる

　アプリ内から購入した場合は、手続きが完了すると自動的にアクティベーションが行われます。このとき、十数秒程度の時間がかかることがあります。ウィンドウのタイトルバーに「応答なし」と表示されても、1分程度はそのまま待ってみてください。

　正常に完了すると「Activation was successful.」《アクティベーションは成功しました》と表示されます。なお、注文書とライセンスコードはメールでも送られてきます。

アクティベーションに成功したときの表示

3 | 手作業でのアクティベーション

アクティベーションの手続きは、アプリ内から購入した場合は自動的に行われるようですが、次のような場合は手作業で行う必要があります。

- **Webサイトから購入してライセンスコードをメールで受け取った**
- **すでにライセンスを購入して利用しているが、ほかのPCでも利用したい**

手作業でアクティベーションを行う手順は次の通りです。

STEP
01

トライアル版を起動し、図のようなウィンドウが開いたら「Enter License...」ボタンをクリックします。
すでにいずれかのプロジェクトウィンドウが開いている場合は、[ヘルプ]→[Buy Now...]を選ぶと、このウィンドウが開きます。

STEP
02

表示に従ってメールアドレスとライセンスコードを入力し、「Activate License」ボタンをクリックします。

STEP
03

「Activation was successful.」《アクティベーションに成功しました》と表示されれば完了です。
このとき、状況によって十数秒程度の時間がかかる場合があります。ウィンドウのタイトルバーに「応答なし」と表示されることがありますが、1分程度はそのまま待ってみてください。

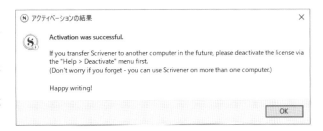

4 複数台へのインストール

　Scrivenerのライセンスは、開発元が「household」《家庭、世帯》ライセンスと呼んでいるもので、購入者本人が所有するあらゆる（any）PCと、同居する家族のあらゆる（any）PCにインストールしてよいとされています。ただし、具体的な台数は明示されていません。正確な情報は公式のサポート情報を参照してください。

「Can I use my license on more than one computer?」（Literature & Latte）
https://scrivener.tenderapp.com/help/kb/purchasing-and-installation/can-i-use-my-license-on-more-than-one-computer

　別のPCへインストールしたいときは、購入時のメールアドレスとライセンスコードを使って、手作業で登録します。手順は「1.3.3 手作業でのアクティベーション」を参照してください。

> **NOTE**　ScrivenerのライセンスはOSごとに購入する必要があります。たとえば、購入者自身で3台のWindows PCを持っている場合は、すべて同じOSですので1つのライセンスで利用できます。一方、PC、Mac、iPhoneを1台ずつ持っている場合は、Windows版、macOS版、iOS版の3つを購入する必要があります。

5 アクティベーションを解除する

　アクティベーションを済ませていたPCを初期化または処分するときは、アクティベーションを解除しましょう。もしも解除しないまま処分してしまうと、正規に購入していないユーザーが利用したり、本来は自分が利用できるはずの台数を減らしたりするおそれがあります。
　アクティベーションを解除するには、いずれかのプロジェクトを開き、［ヘルプ］→［認証を解除 Scrivener］を選びます。確認のウィンドウが開いたら「はい」ボタンをクリックします。「Product deactivation successful.」《製品のアクティベーション解除に成功しました》と表示されれば成功です。アクティベーションを解除することを「deactivation」と呼びます。

アクティベーションを解除する

　このとき、状況によって十数秒程度の時間がかかる場合があります。ウィンドウのタイトルバーに「応答なし」と表示されることがありますが、1分程度は待ってみてください。

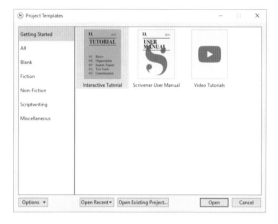
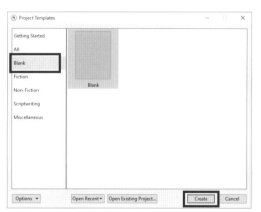

1-4 日本語向けの環境設定

個々の機能の紹介へ移る前に、環境設定を日本語向けに変更しましょう。初期設定は英語向けですので、日本語作品の執筆を妨げてしまうものがあります。画面表示には未訳のものが多いものの、英語で使うこともできます。

1 環境設定を開く

　環境設定を行うにはいずれかのプロジェクトを開く必要があるので、以下の手順で準備してください（プロジェクトについては「2.1 プロジェクトを管理する」を参照）。

STEP
01
「Project Templates」ウィンドウを開きます。
すでにこのウィンドウが開いてるときは、そのままでかまいません。
トライアル版として起動しているときは、「Continue Trial...」ボタンをクリックします。
すでにいずれかのプロジェクトウィンドウが開いているときは、［ファイル］→［新規プロジェクトを作成］《New Project...》を選びます。

STEP
02
ウィンドウ左側の「Blank」カテゴリーをクリックしてから、「Create」《作成》ボタンをクリックします。
本来は仕切りの右側の「Blank」を順に選ぶ必要がありますが、このカテゴリーには1つしかないので、自動的に選ばれています。

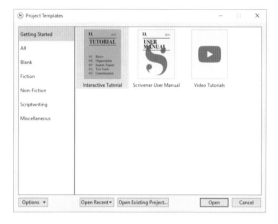

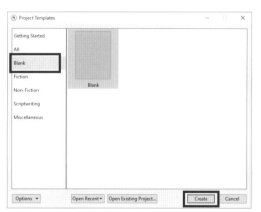

STEP
03

ファイルを保存するダイアログが
開いたら、適当な場所を選択し、
「ファイル名」に好みの名前を入
力してから、「保存」ボタンをクリッ
クします。

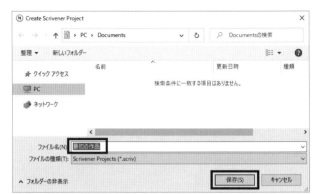

STEP
04

大きなウィンドウが開いたら、
[File]→[Options...]を選びま
す。

STEP
05

「Options」ウィンドウが開きま
す。

NOTE 以降では「Options」ウィンドウの画像の下端や、「適用」「OK」ボタンの操作を省略している場合があります。環境設定に関連するボタンの操作は一般的なWindowsアプリと同じですので、設定の反映状況や、メッセージウィンドウの内容に応じて操作してください。

Optionsの環境設定は"書斎作り"

「Options」は、Scrivenerのさまざまな動作や見た目を設定するもので、一般的なアプリの「環境設定」と同じです。多くの場合、環境設定は頻繁に操作するものではありませんが、カスタマイズ項目が非常に多いScrivenerにとっては、動作や見た目を自分の好みに合わせるために重要な機能です。アプリの環境設定というよりは快適な書斎作りとイメージして、机や原稿用紙を選ぶように、満足できる状態になるまで念入りに設定することをおすすめします。

なお、Optionsウィンドウは開いたままにしておくことができます。一部を除き、ほとんどの設定項目は内容を変更して「適用」ボタンをクリックするとすぐに反映されます。また、設定内容をファイルへ書き出したり、ファイルを切り替えて環境をまるごと変更することもできます（「2.6.5 オプションを管理する」を参照）。

2 画面表示を日本語へ変更する

本稿執筆時点の最新バージョン（Ver.3.0.1）では、初期設定ではプルダウンメニューやメッセージなどが英語で表示されます。一部でも日本語のほうがよい場合は、日本語表示へ変更してください。日常的に使用する機能のほとんどは日本語化されているため、本書では日本語表示を設定した状態で解説しています。

| STEP 01 | 「Options」ウィンドウを開き、「General」→「Language」カテゴリーを選び、「Language」の設定を「English」から「日本語」へ変更します。 |  |

| STEP 02 | 「Please restart Scrivener to use the new language.」《新しい言語を使うにはScrivenerを再起動してください》と表示されます。「OK」ボタンをクリックしてウィンドウを閉じます。 |  |

| STEP 03 | 「Options」ウィンドウの「OK」ボタンをクリックしてウィンドウを閉じ、元の大きなウィンドウへ戻ったら、[File]→[Exit]《終了》を選んでScrivenerを終了します。 |

STEP 04	スタートメニューからScrivenerを起動します。 エクスプローラーからは操作しないでください（理由は「2.1.3 プロジェクトを扱う」を参照）。
STEP 05	大きなウィンドウが開きます。プルダウンメニューが日本語になったことを確かめてください。

● 初期設定と日本語表示

　一般的なアプリでは「System Language」《システムの言語》を選ぶと、日本語を標準に設定しているWindowsで起動すれば日本語表示が使われます。実際、Ver.3.0.0ではそのように動作しました。しかし、メニューの表記が「日本語（Preview Release）」となっていることからもわかるとおり、翻訳作業の途中であるため、Ver.3.0.1では「System Language」を選んでも英語で起動する仕様へ変更されました。このため、日本語表示を使いたい場合は、ユーザーが手作業で日本語へ変更する必要があります。

　この仕様は将来のバージョンでは変わる可能性があります。その場合は、画面表示や設定内容から判断してください。

　また、本書では日本語訳されていない箇所では［Exit］《終了》のように、カッコ内に機能を踏まえたうえで筆者の訳を併記しています。将来のバージョンで日本語化が進んだときに、本書の訳と異なる可能性があるのでご了承ください。

3　文字の訂正機能を変更する

　日本語の文章を書くときは、まず英語のつづりをチェックするスペルチェッカーをオフにしましょう。初期設定ではオンになっているため、日本語の文章を入力すると文の下にエラーを示す点線が表示されてしまいます。

　スペルチェッカーをオフにするには、［ファイル］→［Options...］を選び、「Corrections」《訂正》→「Spelling」《単語のつづり》カテゴリーを選び、「Check spelling as you type」《入力時につづりを確認》オプションをオフにします。

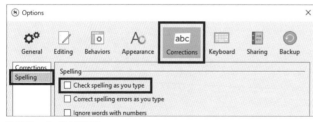

スペルチェッカーをオフにする

「Corrections」タブにあるもう1つのカテゴリー「Corrections」では、入力した文字を自動的に訂正する機能の設定を切り替えられます。原稿の内容や使用する日本語入力プログラムの設定なども考慮して、すべてのオプションを確認しながら、必要に応じて設定してください。機能がわからないものは変更しなくてもかまいません。

注目したいオプションのみ、機能を以下に紹介します。ただし、❸❹の設定は日本語入力プログラムの状態などによっては機能しない場合があります。

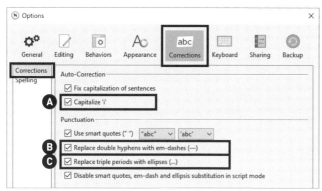

必要に応じて訂正機能を設定する

❹「Capitalize 'i'」《小文字のiを大文字にする》：半角で「i」と入力し、次に半角スペースを入力すると、自動的に大文字に訂正します。「iPhone」のように文字が続いた場合は訂正されません。

❸「Replace double hyphens with em-dashes」《2つの半角ハイフンを全角ダッシュへ置換》：半角ダッシュ（ハイフン）を2つ入力し、次に半角文字が入力されると1つの全角ダッシュ（UnicodeのU+2014）へ自動的に変換します。次に全角文字が入力されても変換されないので、日本語作品ではこの機能を使わず、「けいせん」などと入力して日本語入力プログラムの機能を使うほうがよいかもしれません。

❹「Replace triple periods with ellipses」《3つのピリオドを三点リーダーへ置換》：半角ピリオドを3つ入力すると「…」（UnicodeのU+2026）へ自動的に変換します。3つ連続入力するとすぐに変換されるので、日本語の作品にも利用できます。

4 画面表示のフォントを変更する

プルダウンメニューやウィンドウ内のカテゴリー表示など、アプリ内の主要部分で使われるフォント
は、初期設定では英語のシステムで標準的に使われている「Segoe UI」が指定されています。このため、
日本語の文字が不自然に見えるかもしれません。

この指定は、Optionsウィンドウの「Appearance」→「General Interface」カテゴリーにある、「Menus
& Windows Font」で変更できます。Windowsのシステムフォントはバージョンによって異なるので、
使用中のシステムに合わせるのが全体としては自然になるはずですが、好みで選んでもかまいません。
システム標準のフォントは、Windows 7では「メイリオ」、Windows 8.1では「Meiryo UI」、
Windows 10では「Yu Gothic UI」です。

ほかにもこの「Appearance」タブでは、さまざまな箇所で使うフォントを細かくカスタマイズでき
ます。ただし、機能を知る前に最適なフォントを選ぶのは無理ですし、本書の中で個別の機能を紹介
するときに使用フォントの変更手順を紹介しますので、そのときに検討すればよいでしょう。

なお、インターフェースではなく、原稿本文で使う基本のフォントもOptionsウィンドウで設定しま
すが、これは重要なものですので「4.4 書式を設定する」で詳しく紹介します。

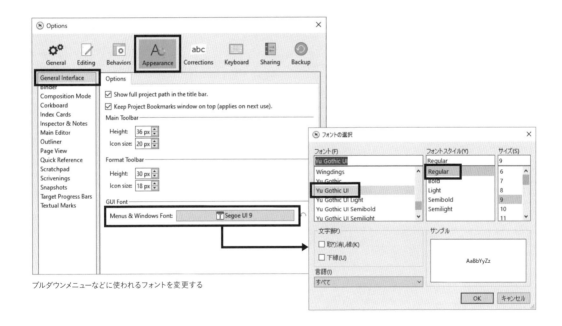

プルダウンメニューなどに使われるフォントを変更する

● 先回りして日本語フォントを指定したい場合

「Appearance」タブでは、アプリの中のさまざまな場所で使うフォントも細かくカスタマイズでき
ますが、初期設定では、すべて英語向けのフォントが指定されています。

本書では機能を紹介しながらカスタマイズ方法を紹介していきますが、気になる場合はここで先回
りして変更してもかまいません。これには、「Appearance」タブの中にあるカテゴリーを1つずつ開き、
すべてのフォント設定を「Yu Gothic UI」などの日本語フォントへ変更します。

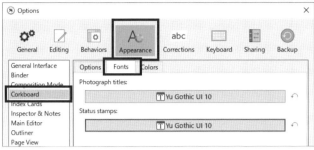

「Appearance」タブには多くのカテゴリーに「Font」設定がある

　なお、「Scrivenings」→「Fonts」カテゴリーの「Scrivenings titles」は初期設定でセリフ体（明朝体）が指定されていますが、この機能を使わなければ表示されないので、いまは無視してください。

5 寸法と文字数の単位を変更する

　寸法と文字数を測る単位は、Optionsウィンドウの「Editing」→「Options」カテゴリーの中で設定します。ただし、一部の画面では別途指定する必要があります。

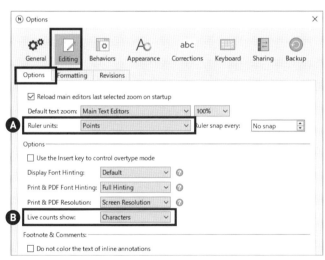

単位の設定

Ⓐ「Ruler units」《ルーラーの単位》：本文中で寸法を測るルーラーの単位を指定します。必要に応じて変更してかまいませんが、本書ではエディターの環境設定で使うことを考えて「Points」に設定することをおすすめします。

Ⓑ「Live counts show」《リアルタイム計数の表示》：文章の長さを計測する単位を指定します。初期設定は「Words」《単語数》ですので、「Characters」《文字数》へ変更します。

> **NOTE** Scrivenerが表示する文字数は正確なものではなく、おおよそのものと考えてください。誤った文字数を表示したり、文章を変えなくても状況によって文字数が変動したりすることがあります。そもそも日本の原稿用紙のような設定はできませんので、正確な文字数を調べたいときは出力してから別のアプリを使うことをおすすめします。文字数の計測については「5.3 進捗状況を管理する」を参照してください。

6 インターフェースを英語へ変更する

Scrivenerの画面表示は多言語に対応していますが、執筆時点（Ver.3.0.1）では日本語を含めてほとんどのものが「Preview Available」となっていて、画面をよく見ると訳されていないものも多数あります。たとえば［ファイル］メニューを開くと、［エクスポート］はカタカナですが、［Import］は英語のままです。

中途半端に日本語が混じるくらいならすべて英語のほうがよいという場合は、Optionsウィンドウの「General」→「Language」カテゴリーの「Language」オプションを「English」へ変更します。反映するには、表示に従ってアプリを再起動する必要があります。

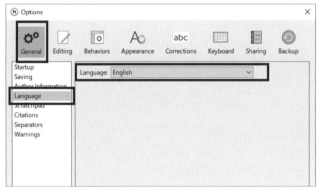

インターフェースの言語をすべて英語へ変更する

Chapter

2

プロジェクトを始める

ほぼすべての作業は「プロジェクト」という1つの
ウィンドウで行います。プロジェクト内のアイテム
やプロジェクト自身を操作する基本的な方法を紹
介します。独特な機能もあるので、この章はとく
にしっかり読んでください。

2-1 プロジェクトを管理する

すべての作業の基本となる「プロジェクト」の基本を紹介します。プロジェクトは原稿だけでなく、メモや資料も預ける大切な場所ですから、本文を書く前に、その動作や扱い方をしっかりと把握しておきましょう。

1 プロジェクトの役割

　Scrivenerでは、ひとまとまりの企画に関連するさまざまな要素をまとめて、1つの「プロジェクト」として扱います。逆にいえば、新しい作品を書き始めるとき、Scrivenerで最初に行う作業は、新しいプロジェクトを作ることです。

> **NOTE**　ここではScrivenerを使った作品づくりの基礎となる「プロジェクト」から紹介をはじめますが、プロジェクトを作らずに、文章や画像などの断片を保管する「スクラッチパッド」という機能もあります（「3.4 断片を書き留めるスクラッチパッド」を参照）。

● 原稿と、メモや資料をまとめて管理できる

　ジャンルや長さなどにもよりますが、原稿を書くには「原稿本文には含めないが、執筆に必要なファイル」が多くあります。プロジェクトには、その両方を収められます。

　たとえば小説を書くには、多くの場合、登場人物の設定のようなオリジナルのメモや、舞台とする時代の衣装のような参考資料が必要です。しかし、ワープロやテキストエディターなどの一般的な文書作成アプリは原稿のみを管理するため、メモや資料は別のファイルやアプリで管理する必要があります。

　一方、Scrivenerではそれらも原稿と同じプロジェクトへ収められるため、別のファイルに分けたり、別のアプリで管理する必要はありません。しかも、メモや資料を表示するウィンドウは原稿とは別にいくつでも開くことができるので、それらを自由に参照しながら執筆を進められます。

　Scrivenerが持っていない機能、たとえば表計算データを元にしたグラフが必要であればExcelなどで開く必要がありますが、少なくとも資料のファイルはプロジェクト内に収められるので、ファイルを探し回るようなことにはなりませんし、バックアップも原稿とあわせて作成できます。

　なお、実際には原稿に書く内容の概要（小説での「あらすじ、プロット」など）も必要です。これもプロジェクトで扱えますが、原稿に準じた仕組みで管理します（「Chapter 3 構想を練る」を参照）。

//

COLUMN 長くても短くても1つのプロジェクトに
まとめると便利

　1つのプロジェクトは「ひとまとまりの企画」を扱うと紹介しましたが、何を1つとするかは使い方次第です。
ここでは使い勝手の点から検討してみましょう。文字数の上限が気になる方は多いと思いますが、これは本節
末のコラム「プロジェクトの上限文字数は?」で紹介します。

　独立した内容であれば、長さを気にせず、1つの作品を1つのプロジェクトに収めるのがよいでしょう。書き
始める前に長さを予想できない場合や、長さを決めずに執筆と公開を同時に進める連載形式でも同じです。

　単行本で何巻も続くほどの長編になった場合は、一般的な文書作成アプリを使っていればファイルを分け
たくなるでしょう。しかし長文作品を前提とするScrivenerでは、シリーズ全巻を1つのプロジェクトにまとめて
もかまいません。そうすれば前の巻で書いた原稿やメモ、集めた資料をそのまま使えるので、ファイルをコピー
する手間もありません。小説であれば伏線の回収や派生エピソードといった、旧作を基礎にした新作の執筆
にも役立つでしょう。

　逆に短い作品であれば、内容に相関がなくても、1つのプロジェクトにまとめてもよいでしょう。たとえばショー
トショートでは400文字程度で1作品になる場合もありますが、過去の作品と執筆中の作品、さらには将来
の作品のアイデアまでを1つのプロジェクトに収めると、自分の全作品をいつでも一望できます。作品が短いか
らといって、Scrivenerを避ける必要はありません。

　とはいえ、利便性だけが重要なわけではありません。長さやシリーズに関係なく新しいプロジェクトを作ったり、
別のアプリを使って書いた後にScrivenerへ統合したりするほうが、気分が変わってよい場合もあるでしょう。

　いずれにしても、作品の長短を気にせず、1つのウィンドウの中で扱いたいものは1つのプロジェクトに収める
ことをおすすめします。別のプロジェクトからアイテムをコピーすることもできるので(「2.6.2 複数のプロジェクト
を使う」を参照)、前もって厳密に決める必要はありません。

2 プロジェクトを作る

　新しいプロジェクトを作るには、あらかじめ用意されているテンプレートから目的に合うものを選ん
で、コピーを作ります。最初に保存するので、「名称未設定」のまま書き進んで保存を忘れることはあ
りません。手順は次のとおりです。

STEP
01

Scrivenerを起動します。
トライアル版として使っている場合は、「Continue Trial」ボタンをクリックします。
すでにいずれかのプロジェクトが開いている場合は、[ファイル]→[新規プロジェクトを作成]を選びます。

STEP
02

「プロジェクト・テンプレート」ウィンドウが開いたら、左側のカテゴリー一覧から「Blank」をクリックします。
テンプレートはジャンル別に多数あるので、まず左側の列でカテゴリーを選びます。

STEP
03

仕切りの右側にある「Blank」をクリックしてから、「作成」ボタンをクリックします。

STEP
04

保存のウィンドウが開いたら、必要に応じてフォルダを移動し、ファイルの名前を付けてから、「保存」ボタンをクリックします。
ファイルの名前はプロジェクトの名前になり、暫定的に作品の題名としても使われますが、これらは後で変更できるので、ほかのプロジェクトと区別できれば十分です (「2.1.4 プロジェクトを保存する」を参照)。

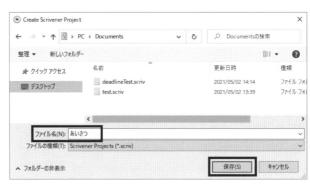

なお、このウィンドウでは「ファイル名」と表示されていますが、実体はフォルダです。詳細は「2.1.3 プロジェクトを扱う」で紹介します。

STEP
05

プロジェクトのウィンドウが開きます (次頁図)。
ほとんどの作業はこのウィンドウの中で行います。以後、このウィンドウを「プロジェクトウィンドウ」と呼びます (詳細は「2.2.1 プロジェクトウィンドウの概要」を参照)。

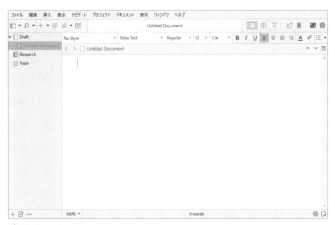

プロジェクトウィンドウ

●「Blank」以外のテンプレート

Scrivenerには小説、学術論文、ラジオドラマの脚本など、特定の形式の作品を執筆しやすくしたテンプレートが多数含まれていますが、本書では「Blank」以外のテンプレートは扱いません。

テンプレートは英米向けの習慣に基づいて作られているため日本語作品の執筆には不向きですし、Scrivenerのさまざまな機能を活用しているため機能を研究するにはともかく初心者には使い方を把握するのが難しいでしょう。使い方の説明は付いていますが英語です。

筆者としては、もっともシンプルなテンプレートである「Blank」から使い始め、Scrivenerの機能を理解してからそこに必要な設定を追加することをおすすめします。また、テンプレートは自作することもできます（「2.6.3 プロジェクトのテンプレートを自作する」を参照）。

なお、初期設定で特定のテンプレートが選ばれるように設定することもできます。これには「プロジェクト・テンプレート」ウィンドウで目的のテンプレートを右クリックしてから、[Set Template as Default]《このテンプレートを初期設定として設定》を選びます。

NOTE 「プロジェクト・テンプレート」ウィンドウにある「スタート画面」カテゴリーは、Scrivenerを自習するための教材です。すべて英語ですが、興味のある方は参照してください。とくに「対話式チュートリアル」は、それ自体がScrivenerのプロジェクトですので、作例としても参考になります。

3 プロジェクトを扱う

プロジェクトの実体は、必要な多数のファイルを収めたフォルダです。内容は通常のファイルやフォルダの集まりですが、取り扱いには注意が必要です。

● すべてを収める「scriv」フォルダ

いま作成したプロジェクトの実体を確かめてみましょう。プロジェクトウィンドウのメニューで［ファ

イル]→[Show Project in File Explorer]《プロジェクトをファイルエクスプローラーで表示》を選ぶと、エクスプローラーへ切り替えて、プロジェクトがあるフォルダを開きます。ここで表示される「(プロジェクト名).scriv」という名前のフォルダがプロジェクトの実体です。プロジェクトごとに作られるこのフォルダを「プロジェクトフォルダ」と呼びます。

　プロジェクトフォルダには、プロジェクトのあらゆる内容や設定が、フォルダ分けされた上で収められます。プロジェクトフォルダをダブルクリックして開くと、直下には、「(プロジェクト名).scrivx」という名前のファイルと、いくつかのフォルダがあります。

　もしも拡張子が表示されないときは、エクスプローラーでいずれかのウィンドウを開き、[表示]タブを選び、「ファイル名拡張子」オプションをオンにしてください。

プロジェクトの実体は「scriv」フォルダ

● プロジェクトの目録「scrivx」ファイル

　プロジェクトフォルダ直下に作られるアイテムは状況によって変わりますが、重要なのは、必ず作られるscrivxファイルです。このファイルにはScrivenerのアイコンが付いていることからわかるように、ダブルクリックするとScrivenerでプロジェクトを開きます。

　scrivxファイルはプロジェクトの目録のようなもので、プロジェクトに収めているデータのファイルがある場所などを記録したものです。原稿や資料の本体ではないので、このファイルだけをコピーしても原稿は取り出せません。

● プロジェクトフォルダは一体のものとして扱う

　プロジェクトフォルダは、エクスプローラーからは通常のフォルダやファイルの集まりに見えますし、不可視にも設定されていませんが、たいへん重要なフォルダです。

　プロジェクトフォルダは、中にあるアイテムすべてを含めた一体のものとして扱う必要があります。プロジェクトを別のPCへコピーしたり、バックアップしたり、削除したりするときは、つねにプロジェクトフォルダに対して操作してください。

　サブフォルダの名前や構成は厳密に決められているので、絶対に変えてはいけません。もしも変更すると、プロジェクトが破損しているとみなされるおそれがあります。開いて中を確認するだけであればかまいませんが、不用意に操作しないように注意してください。

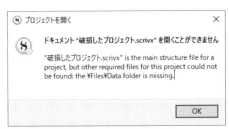

プロジェクトフォルダの中を操作すると開けなくなるおそれがある

NOTE プロジェクトフォルダは、macOSやiOSへコピーするとファイルとして表示されます。これは、ユーザーが内容を意図せず操作しないように、フォルダをファイルとして表示する「パッケージ」という機能を使っているためです。Windowsにはこの機能がないため、通常のフォルダとして表示されます。なお、macOS版やiOS版のScrivenerで作成したプロジェクトファイルをWindowsへコピーしても、フォルダとして表示されます。

COLUMN Scrivenerがなくなっても原稿は残る

　プロジェクトフォルダ内にある原稿部分は、「Files」→「Data」フォルダの中にある、乱数を使った名前のフォルダに収められています。本文は標準的なRTFファイルです。

　よって、もしも将来Scrivenerの開発元がなくなったり、新しいOSでScrivenerが動作しなくなっても、プロジェクトフォルダさえ保管しておけば、原稿を取り出すことはできます。目的の部分を探し出すには手間がかかりますが、原稿を失うよりははるかによいでしょう。

● **既存のプロジェクトを開く**

　エクスプローラーを使って既存のプロジェクトを開く手順には、次のものがあります。

- プロジェクトフォルダを開き、scrivxファイルをダブルクリックする。
- （scrivxファイルではなく）プロジェクトフォルダを探し、デスクトップなどに作ったScrivenerのアイコンへドラッグ＆ドロップする。アプリのアイコンはショートカットでもよい。

　ただし、これらの手順はおすすめできません。不用意にプロジェクトフォルダの内容を操作するおそれがありますし、操作も面倒です。

　代わりにおすすめしたい手順は、アプリから操作するものです。具体的には次のとおりです。

- Scrivenerが持っている「アプリの起動時に、前回の終了時に開いていたプロジェクトを自動的に開く機能」を使う（「2.1.6 Scrivenerの起動と終了」を参照）。この手順では、アプリを起動するだけでよい。
- ［ファイル］→［最近開いたプロジェクト］以下から選ぶ。
- 執筆中のプロジェクトをお気に入りに登録し、［ファイル］→［Favorite Projects］以下から選ぶ（「2.6.1 お気に入りプロジェクトとして登録する」を参照）。

4 プロジェクトを保存する

　プロジェクトの保存は、通常、手作業で行う必要はありません。ほかのアプリでは保存のキーボードショートカットがクセになっている方でも、Scrivenerでは忘れてしまってかまいません。

　最初の保存はプロジェクトを作成するときに行いました。また、執筆している間や、プロジェクトウィンドウを閉じたときに、プロジェクトファイルは自動的に上書き保存されます。

● 執筆中の自動保存の仕組み

　プロジェクトウィンドウを開いている間は、一定時間の間に何も操作せずにいると、プロジェクトを自動的に上書き保存します。初期設定では2秒間です。

　日本語の文章を入力するにはかな漢字変換の操作が必要で、候補の選択や注目文節の移動などの操作をしている間は保存されませんが、確定して一息つけば2秒間はすぐに経過するでしょう。このため、執筆中に何らかのトラブルが起きても、原稿を失うおそれはかなり低いといえます。

　プロジェクトウィンドウの左上には、プロジェクトフォルダへのフルパスが表示されます。その末尾に「*」が付いているときは、最後に保存されたときから何らかの更新があり、保存されていない要素があることを示します。これが消えると、上書き保存されたことを示します。

保存状態はタイトルバーの「*」の有無でわかる

● 自動保存までの時間を変更する

　自動保存するまでの待機時間は、とくに変更する必要がなければ、初期設定のままでかまいません。もしも何か問題があれば、最大で60秒程度まで値を増やしてもよいでしょう。ただし、待機時間を長くすると未保存部分を失うおそれも高くなるので、バランスのよい時間を検討してください。

　自動保存までの時間を変更するには、[ファイル]→[Options...]を選び、「General」→「Saving」カテゴリーにある、「Auto-save after ... seconds of inactivity」《操作のない...秒後に自動保存》の値を変更します。

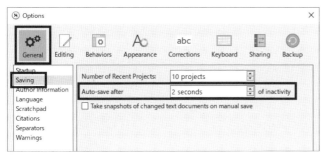

自動保存までの時間を変更する

● 手作業で保存する

　もしもプロジェクトを手作業で保存する必要があれば、［ファイル］→［上書き保存］を選びます。ショートカットは一般的なアプリと同じ「Ctrl＋S」キーです。

> **NOTE**　手作業で保存する必要性はありませんが、手作業で保存したときにバックアップを作るように設定できるので（「2.1.5 バックアップを作成する」を参照）、意図したタイミングでバックアップを作りたいときに活用できます。

● 名前を変える

　プロジェクトの名前を変えるには、［ファイル］→［名前を付けて保存］を選びます。この操作では、プロジェクトフォルダの名前と、その直下にあるscrivxファイルの名前もあわせて変更します。

　大きな変更をする前に現状のプロジェクトを残したい場合や、エクスプローラーに表示されるプロジェクトの名前を変えたいときは、この方法で変更してください。

5 ┃ バックアップを作成する

　大切な原稿を確実に保管するには、バックアップも重要です。1つのプロジェクトで原稿とメモと資料のすべてを管理するということは、トラブルが起きたときの被害もより大きくなるからです。

　Scrivenerは、バックアップも自動的に作成します。

　初期設定では、プロジェクトを閉じるたびにプロジェクトフォルダをZIP形式で圧縮して単一のバックアップファイルを作成し、最新の5段階までを保管します。それよりも古いバックアップは自動的に削除します。ただし、最新のバックアップは通常保存したプロジェクトフォルダと同じ内容ですので、履歴をさかのぼれるのは4段階までです。

　なお、バックアップの作成には、実行のたびにプロジェクトフォルダをまるごと圧縮します。前回のバックアップから変化があった分だけを扱う「差分バックアップ」ではありません。

● 理想的なバックアップ先とは

バックアップ先のフォルダは、初期設定では、ユーザーごとのホームフォルダ「C:¥ユーザー¥（自分のユーザー名）¥」内にある隠しフォルダの中、つまり同じドライブの中です。

理想的には、バックアップ先は、取り外しできる外付けドライブや、LAN内に置くネットワークディスクのような、別のドライブに設定すべきです。同じドライブ内へバックアップしても、ドライブ自体が故障したり、PC本体が盗まれたりすると、すべてが回復できなくなるからです。

さらに、火災や天災などのより深刻な事態にも備えたい場合は、同じ場所にある機器ではなく、物理的に離れた場所にあるサーバーを使うのが理想的です。インターネット接続が必要ですが、OneDriveなどのクラウドストレージサービスを使うのが一般的です。プロジェクトのサイズにもよりますが、一般的に無料のプランでも数GBは利用できるので、バックアップ目的だけで新しいサービスへ加入してもよいでしょう。

どの方法を選ぶかは、原稿の重要度やPCの使用環境などによって検討してください。常時インターネットへアクセスできる環境であれば、クラウドと同期するフォルダにバックアップ先を設定するのが手軽かつ確実な対策になるでしょう。一方、長期間オフラインで使う、プロジェクトフォルダのサイズが大きくクラウドへのアップロードが難しいなどの場合は、常時装着できる極小のUSBメモリーなどを使うのがよいでしょう。

NOTE 開発元のサポート情報によれば、執筆中のプロジェクトを保存するクラウドサービスとして推奨できるのはDropboxのみとされていますが、バックアップは圧縮した単一のファイルとなっているので、それ以外のクラウドサービスを使ってもよいとされています。

● バックアップの設定を変更する

バックアップの設定を変更するには、［ファイル］→［Options...］を選び、「Backup」カテゴリーで行います。オプションのうち、重要なものを以下に紹介します。必要に応じて変更してください。

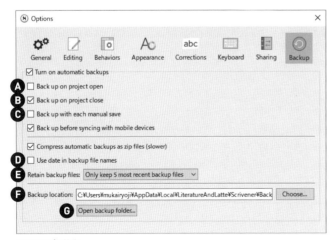
バックアップの設定

Ⓐ「Back up on project open」：プロジェクトを開くときにバックアップします。

Ⓑ「Back up on project close」：プロジェクトを閉じるときにバックアップします。

Ⓒ「Back up with each manual save」：［ファイル］→［上書き保存］を選ぶなど、手動で保存したときにバックアップします。執筆中に、意図したタイミングでバックアップを作りたいときに向いています。

Ⓓ「Use date in backup file names」：バックアップファイルの名前に日時を使います。オフのときはZIPファイルに番号が付きますが、この番号は作成順ではないため、エクスプローラーの機能を使って作成日時順に並べ替える必要があります。

Ⓔ「Retain backup files ...」：バックアップを維持する個数を指定します。指定より古いものは自動的に削除されます（ゴミ箱へ移動するのではなく、すぐに削除します）。「Keep all backup files」《すべてのバックアップを維持》を選ぶと古いものを削除しなくなるので、ディスクの空き容量に注意してください。

Ⓕ「Backup location」：「Choose...」ボタンをクリックして、バックアップ先のフォルダを指定します。

Ⓖ「Open backup folder...」：**Ⓕ**で指定したフォルダをエクスプローラーで開きます。

NOTE 特定のプロジェクトに対して、個別にバックアップ先のフォルダを指定できます。これには、目的のプロジェクトを開いている状態で、［プロジェクト］→［プロジェクトの設定］を選び、「バックアップ」カテゴリーで設定します。「通常はクラウドを使うが、あるプロジェクトだけとくにサイズが大きくアップロードに時間がかかるので、USBメモリーに保存したい」などの場合に使うとよいでしょう。

◉ バックアップを取り出す

バックアップが必要になったときは、「Options」ウィンドウを開き、前図**Ⓖ**のボタンをクリックします。するとエクスプローラーへ切り替わって、指定のフォルダを表示します。ただし、場所を覚えていれば、直接エクスプローラーで開いてもかまいません。

バックアップは、プロジェクトフォルダをまるごとZIP方式で圧縮しただけですので、Windowsの内蔵機能で扱えます。必要に応じて別のフォルダへコピーしたり、右クリックのメニューから［すべて展開...］を選ぶなどしてください。

バックアップから原稿の一部分だけを取り出したい場合は、「最新のプロジェクト」と「バックアップを展開したプロジェクト」の両方を開き、後者から必要な部分を探して前者へコピーします（プロジェクト間でアイテムをコピーする方法は「2.6.2 複数のプロジェクトを使う」を参照）。

6 | Scrivenerの起動と終了

Scrivenerは起動時と終了時に所定の動作を行います。動作内容は必要に応じて変更できます。

◉ 起動時の動作

初期設定では、アプリから起動すると、前回の終了時に開いていたプロジェクトを自動的に開きます。

長期間に渡って1つの作品を執筆するときは、この方法を使って開くのが便利です。

　ただし、複数のプロジェクトを開いていても、最後の1つしか開くことはできません。複数のプロジェクトを同時に使う場合は、［ファイル］メニューにある、履歴やお気に入りの機能を併用してください（「2.6.1 お気に入りプロジェクトとして登録する」を参照）。

　起動時に自動的にプロジェクトを開きたくないときは、［ファイル］→［Options...］を選び、「General」→「Startup」カテゴリーにある「Reopen projects that were open on quit.」《終了時に開いていたプロジェクトを開き直す》オプションをオフにします。

　なお、エクスプローラーを操作して特定のプロジェクトからアプリを起動したときは、前記のオプションがオンでも、終了時に開いていたプロジェクトは開きません。

● 終了時の動作

　Scrivenerを終了するには、［ファイル］→［終了］を選ぶか、すべてのプロジェクトウィンドウを閉じます。前記した「終了時に開いていたプロジェクトを開き直す」機能を使う場合は、次回の起動時に自動的に開きたいプロジェクトを最後に閉じると便利です。

　プロジェクトは閉じるときに自動的に上書き保存されるので、終了時に保存の確認を求められることはありません。

　大きなサイズのプロジェクトを扱うときは、初期設定ではプロジェクトを閉じるときにバックアップが作成される点に注意してください。バックアップの作成に時間がかかりますし、バックアップ先をクラウドと同期するフォルダに指定している場合はその後にアップロードする時間も必要です。状況に応じて、執筆を終えた後に時間的な余裕を取ってください。場合によっては、アプリの起動時にバックアップを作成するように設定を変更してもよいでしょう（「2.1.5 バックアップを作成する」を参照）。

COLUMN　プロジェクトの上限文字数は?

　1つのプロジェクトで扱える文字数の上限が気になる方は少なくないでしょう。仕様は決まっていないようですが、文字数そのものについてはほとんど気にする必要はないと考えられます。

　青空文庫に収録されている芥川龍之介の全作品を収めた約270万字のプロジェクトや、与謝野晶子訳の源氏物語全巻を10回コピーした約700万字のプロジェクトを作って実験したところ、すべてのテキストに対して書式を削除するなどの操作をしたときは処理に数分間かかることもありましたが、個別のテキストを開いて本文を編集するのに不都合はありませんでした。

　ちなみに、一般的に長編小説と呼ばれるのは原稿用紙300枚（約12万字）以上です。大長編として有名なマルセル・プルースト『失われた時を求めて』全14巻の日本語訳は、原稿用紙で約1万枚（約400万字）と言われます。

　ただし、体感速度に影響するのは文字数だけではないでしょう。実際のプロジェクトでは原稿以外のデータも扱いますし、書式を設定したり、ラベルなどの分類を行ったときにどのように影響するのか、長期的に使ってみなければわかりません。

2-2 バインダーを使って アイテムを管理する

いよいよ原稿を書き始めましょう。プロジェクトに収めるアイテムを管理するには「バインダー」を使います。ルールとあわせて、バインダーを使ったアイテム管理の基本を紹介します。

1 プロジェクトウィンドウの概要

あらためてプロジェクトウィンドウを眺めてみましょう。いまプロジェクトが閉じている場合は、新しく作成するか、既存のプロジェクトを開いてください（手順は「2.1.3 プロジェクトを扱う」を参照）。

プロジェクトウィンドウは、大きく分けて、「ツールバー」、「バインダー」、「エディター」の3つの領域から構成されます。さらに、初期設定では表示されませんが、重要な領域として「インスペクター」があります。それぞれの役割を簡単に紹介します。

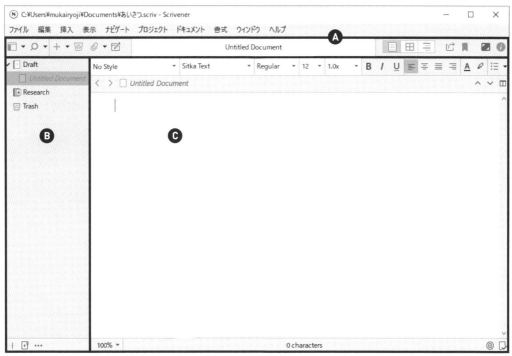

初期設定のプロジェクトウィンドウ

🅐ツールバー　🅑バインダー　🅒エディター

◉ ツールバー

　ツールバーは、重要な機能を操作するボタンや、設定状態などを表示するもので、一般的な Windows用アプリと同じです。独特な機能を持つものが多いので、機能を学んでから、ボタンを覚えていくことをおすすめします。

　ツールバーに配置するボタンやその位置をカスタマイズするには、［表示］→［ツールバーのカスタマイズ...］を選び、「Customize Toolbars」ウィンドウのなかで設定します。

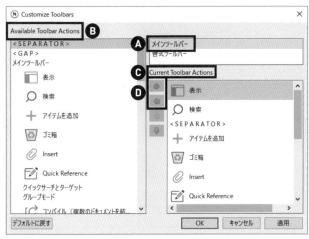

メインツールバーをカスタマイズする

Ⓐ「メインツールバー」を選びます。なお、「書式ツールバー」は、プロジェクトウィンドウで1段下にある、フォントの種類などを指定するツールバーです。

Ⓑ「Available Toolbar Actions」：配置可能なアクションの一覧です。機能を操作するもの、状態を表示するもの、メニューから選ぶものなどがあるので、Scrivenerではここのボタン類をまとめて「アクション」と呼びます。

Ⓒ「Current Toolbar Actions」：現在のツールバーの状態です。ウィンドウ右下の「適用」ボタンをクリックすると、実際のツールバーに反映されます。

ⒹⒷとⒸの間で、選択したアクションを移動します。

◉ バインダー

　バインダーは、このプロジェクトに収める原稿や資料など、すべてのアイテムの一覧です。たくさんの書類を綴じるときに使うバインダーのイメージです。詳細は「2.2.2 バインダーの役割」で紹介します。

　なお、バインダーにはテキストだけでなく、画像や音声などさまざまな種類のファイルも収められるため、本書ではバインダーに登録するファイルをまとめて「アイテム」と呼ぶことにします。

◉ エディター

　エディターは、おもにバインダーで選択したアイテムの内容を編集および表示する領域です。つまり、表示のみのビューアーとしても機能しますが、まとめて「エディター」と呼びます。汎用的なファイル

形式はここで表示できますが、対応しない場合は別のアプリを使って開く必要があります。

● インスペクター

インスペクターは、初期設定では表示されませんが、バインダーやエディターの状態に応じてさまざまな付属データ（属性）を編集・表示する領域です。本章では使わないので隠しておいてかまいませんが、インスペクターで扱う属性はとても多く、Scrivenerの特徴的な機能の1つです。

インスペクターを表示するには、［表示］→［インスペクター］を選ぶか、ツールバーの右端にある青い「i」ボタンをクリックします。表示中にこれらの操作を行うと隠します。

Ⓐ インスペクターを開く
Ⓑ インスペクター

> **NOTE**
> Scrivenerの画面に対して、人によっては見慣れない印象を持つかもしれませんが、基本的な画面構成自体は、多くのアプリで使われている一般的なものです。ウィンドウを3列に分け、左側（Scrivenerではバインダー）でいずれかのアイテムを選ぶと、その内容を中央（エディター）に、属性を右側（インスペクター）に表示するという構成は、エクスプローラーでプレビューウィンドウを表示したときと同じです。

インスペクターを開いた例

2 バインダーの役割

もう1度バインダーをよく見てみましょう。バインダーは、プロジェクトに収めるすべてのアイテムを一覧表示する場所です。たとえば図のように、「Blank」テンプレートからプロジェクトを作った直後は、「Draft」フォルダをはじめとした4つのアイテムがあります。

バインダーにははじめから4つのアイテムがある

Scrivenerではプロジェクトに対して、原稿を書き進めるときはテキストを追加し、資料を収めるにはファイルを読み込みます。逆に、不要になったら削除します。プロジェクト内のアイテムに関するこのような操作は、おもにバインダーで行います。

◉ バインダーは階層構造、目次も兼ねる

バインダーでは、フォルダで分類したり、順序を入れ替えたりして、アイテムを整理できます。

フォルダの中にさらにフォルダを作り、階層構造で細かく分類することもできます。階層の数は、実質的に制限はないようです。筆者が試したところ、20段階まで作れました。

バインダーでは、エクスプローラーとは異なり、原則として順序は手動で並べ替えます。これは原稿に対しても同じですので、バインダーは目次や構成を決める役割もあります。たとえば、「シーンA」「シーンB」という2つのテキストがあるとき、両方を「第1章」という名前のフォルダにまとめたり、順序を入れ替えてストーリーを変えたりできます。

アイテムの左側に「>」または「∨」マークが付いているのは、その下位に別のアイテムがあることを示し、クリックするたびに下位のアイテムの表示／非表示を切り替えます。たとえば、前図の「Draft」フォルダは、下位に「Untitled Document」があります。階層構造になっていることは、「Untitled Document」が右へ1段階ズレていることでも示されます。

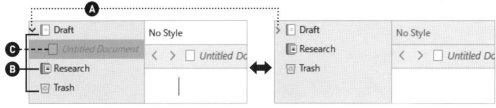

下位にあるアイテムの表示／非表示を切り替える

Ⓐ クリックするたびに下位の表示／非表示を切り替えます。

Ⓑ 「Draft」「Research」「Trash」の3つのフォルダは同じ階層にあります。

Ⓒ 「Untitled Document」は、「Draft」フォルダの下位にあります。

NOTE 「Reserch」のように、フォルダであっても、下位にアイテムがなければ「>」マークは付きません。一方、フォルダではないのに(テキストであるのに)、「>」マークが付くことがあります。Scrivenerにとって重要なのは「下位にアイテムがあるかどうか」であって、「フォルダかどうか」ではないからです。このような仕様になっている理由は「2.4 テキスト、フォルダ、ファイルグループ」で紹介します。

3 役割が決められているフォルダ

バインダーの左端の列、つまり最上位の階層にある3つのフォルダは、それぞれ特別な役割を持っています。いずれも、捨てたり、別の階層へ移動したりすることはできません。

「Draft」《原稿、草稿、下書き》フォルダは、作品に含める原稿のみを収めます。ここへ収められるのはテキストとフォルダのみです。画像や音声など、それ以外の種類のものをバインダーのアイテムとして置くことはできません。ただし、本文中の挿絵はテキストの中へ挿入できます。

　「Research」《調査》フォルダは、作品自体ではなく、執筆を補助するために書いたメモや、集めた資料などを収めます。扱えるアイテムの種類は限定されていないので、画像やPDFなども扱えます。

　「Trash」《ゴミ箱》フォルダは、削除の準備をします。バインダー内にあるアイテムを削除すると、いったんここへ移されます。これを空にするまでの間は、このフォルダを開いて取り戻すことができます。エクスプローラーにとっての「ゴミ箱」と同じ役割です。

● 原稿は必ず「Draft」へ

　3つのフォルダのうち、もっとも重要なのは原稿を置く「Draft」フォルダです。

　原稿は、必ず「Draft」フォルダの中に置いてください。逆にいえば、原稿を「Draft」フォルダの外へ置いてはいけませんし、原稿以外のアイテムを「Draft」フォルダへ入れてはいけません。

　原則として、原稿を集めて1つのファイルへ出力する「コンパイル」機能は、「Draft」フォルダの中にあるアイテムを原稿として扱います。「Draft」フォルダの外にあるアイテムは原稿としては扱いません。原稿ではないメモを出力してしまったり、原稿として書いたつもりでも出力されなかったりする原因になるので注意してください。

● Researchと最上位は自由に使える

　一方、「Research」フォルダは原稿以外のすべてのアイテムを扱うためのものですので、メモや資料の置き場所として自由に使えます。もちろん、下位に新しいフォルダを作ってもかまいません。

　実は、バインダーの最上位の階層も自由に使うことができます。たとえば、とくに頻繁に使用するメモや資料があり、「Research」フォルダから探すのも煩わしいようであれば、すぐにアクセスできるように最上位に置いてもかまいません。普段は「Research」フォルダの中に入れておき、必要なときだけ最上位へ移動するという使い方をしてもよいでしょう。アイテムの種類は、フォルダではなくテキストでもかまいません。

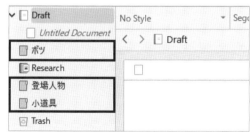

バインダーの最上位の階層にアイテムを置いてもよい

　なお、「Research」フォルダは、プロジェクトの外部からファイルを読み込む保存先の初期設定として使われます。もしもファイルを読み込んだときにアイテムが見当たらなかったときは、このフォルダの中を探してください。

バインダーの最上位の階層を工夫する

バインダーは、執筆中には必ず最初に目にする場所ですから、最上位の階層に配置するフォルダと、その順番も工夫するとよいでしょう。

筆者の場合は、「Draft」フォルダの上下それぞれに「追加ネタ」と「ボツ」、それ以外にも「執筆ルール」などのフォルダを追加しています。

「追加ネタ」フォルダには、執筆中に思いついたトピックを書き留めておきます。このとき、トピック1つにつきテキストを1つ作り、必ずタイトルを付けます。これにより、書き残したトピックの内容がわかりやすくなるうえに、「Draft」フォルダへ移動すればそのまま本文を書くテキストとして利用できるからです。「追加ネタ」フォルダが空になれば、書くつもりだったトピックをすべて書ききったことになるので、ToDoの管理としても役立ちます。

一方「ボツ」フォルダには、いったん書いてみたものの、流れに合わないので原稿から外したテキストを移動しておきます。ゴミ箱へ移すとそのまま忘れてしまうからです。ただし、

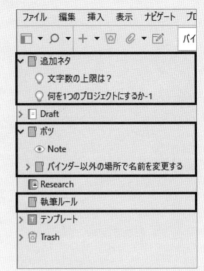

本書を執筆したプロジェクトのバインダー

最終的に復活する場合もあれば、そのまま本当にボツになる場合もあります。「ボツ」フォルダが空にならなければ、ムダに書いてしまったネタがあったことになりますが、ブログのネタなどに使う場合もあります。

「追加ネタ」と「ボツ」のフォルダを「Draft」フォルダの上下に置いているのは、「Draft」フォルダへ移動しやすい、目に付くので見落としにくい、「まだ原稿でないもの」と「1度は原稿にしたもの」の流れを把握しやすい、などの理由があります。

最上位の階層にはほかにも、括弧の使い方や用語表記などを記した、自分用のメモである「執筆ルール」フォルダも置いています。これも執筆中は常にすぐ参照したいからです。企画の基本方針である企画書や、編集者から受けた指示もここに入れています。なお、一般的な資料類は、最初からある「資料」フォルダに入れています。

このような工夫は書いている間に思いつくことが多いので、最初から完璧に使いこなそうと考えずに、書斎の配置を工夫するように、思いついたときに手をかけていくことをおすすめします。自分の執筆スタイルに合う配置ができたら、自作のテンプレートとして保存しましょう（「2.6.3 プロジェクトのテンプレートを自作する」を参照）。次回作の執筆がさらに快適になります。

4 テキストに本文を書く

　「Draft」フォルダの中にある「Untitled Document」は、原稿本文を直接収めるテキストです。一般的な文書作成アプリでいえば「名称未設定」のファイル、現実の文房具に例えれば白紙の原稿用紙にあたります。プロジェクトを作成してすぐに本文を書けるよう、最初に1つだけ用意されています。

　では、「Untitled Document」に本文を書いてみましょう。独特の動作をするので、ステップ・バイ・ステップで紹介します。途中、エディターが見慣れない表示になることがありますが、いまは無視してください。

NOTE 本書では、バインダーに並べる文章用のアイテムを「テキスト」と呼び、テキストに収める文章を「本文」と呼ぶことにします。

STEP **01**

バインダーの下位にある「Untitled Document」をクリックします。
「Untitled Document」は、このアイテムの仮の名前です。色がグレーで斜体になっているのは、仮のものであることを示しています。

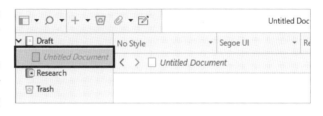

バインダーでアイテムを選択すると色で強調表示されます。アイテムの数が増えてきたときは、いま扱っているアイテムがどれであるか、必要に応じて注意してください（「2.5.4 編集中のアイテムをバインダーで表示する」を参照）。

このとき、エディターにカーソル（文字を挿入する位置を示す縦棒、キャレット）が表示されていないことに注意してください。バインダーでアイテムを選んでも、自動的に本文の入力を待つ状態になる（エディターがアクティブになる）ことはありません。

STEP **02**

エディターの領域をクリックします。文字を挿入するカーソルが表示されてアクティブになります。
同時に、バインダーの強調表示の色が変わったことを確かめてください。いま編集中のテキストは、このように少し弱い強調で表示されます。この機能は「ドキュメントインジケーター」と呼ばれます。

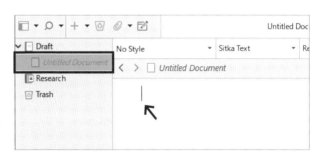

Chapter **2**　プロジェクトを始める

本文を書きます。このとき、「Untitled Document」が、本文の1行目と同じ文字列に変わったことに注目してください。アイテムの名前については「2.2.11 アイテムに名前を付ける」で紹介します。

キーボードでの操作を好む方は、［ナビゲート］→［フォーカスを移動］以下のメニューを確かめてください。また、テキストを入力するときはエディターの領域の左上をクリックするのが一般的な方法ですが、執筆中のバージョンver.3.0.1では描画に不自然な点があり、左側中央あたりをクリックするとカーソルが表示されることがあります。

実際の執筆作業では、このあとに必要に応じてテキストを追加したり、資料を参照したりしながら、本文を書き進めます。

作業を終えたら、Scrivenerを終了します。Scrivenerではプロジェクトを手作業で保存する必要はないので、必要なだけ書き進めて、書き終えたらすぐに終了してかまいません（「2.1.6 Scrivenerの起動と終了」を参照）。

5 テキストを追加する

テキストは必要に応じていくつでも追加できます。適宜テキストを追加しながら、本文を書き進めましょう（追加のタイミングは本項末のコラム「テキストはいつ作る？ どこで区切る？」も参照）。

テキストを追加するには、次のいずれかの方法を実行します。するとバインダーで選択されているアイテムの下（次）に新しいテキストが作られて、名前の入力を待ちます。

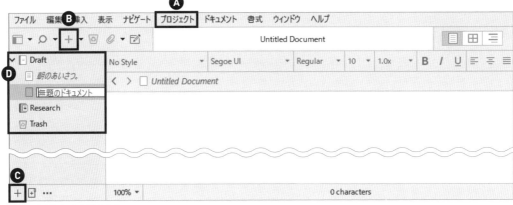

テキストを追加するさまざまな方法

Ⓐ [プロジェクト] → [新規テキスト] を選びます。キーボードショートカットは「Ctrl ＋ N」キー。

Ⓑ ツールバーの「＋」ボタンをクリックします。

Ⓒ バインダーの下端にある「＋」ボタンをクリックします。

Ⓓ バインダーでいずれかのアイテムを選んでいるときに、「Return」キーを押します。

　アイテムの名前は、入力しても、入力せずに続けてエディターをクリックして本文を書き始めてもかまいません（アイテムの名前のルールは「2.2.11 アイテムに名前を付ける」を参照）。

　なお、プロジェクトのあちこちへ移動しながら執筆をしていると、思わぬ場所にテキストが作られてしまうことがあります。その場合は、いったん削除するよりも、作られたテキストを必要な場所へ移動するほうが簡単でしょう（「2.2.8 アイテムの順序と階層を移動する」を参照）。

◉ 本文を書きながらテキストを追加する

　テキストを画面上で連結して編集できる「Scrivenings」表示（「2.3 複数のテキストを連結して表示する」を参照）で、エディター内にカーソルがあるときに前図ⒶまたはⒷの操作をすると、すぐに新しいテキストへカーソルが移り、続けて本文を入力できます。テキストの名前を入力させないので、執筆の流れを妨げません。

◉ Returnキーでテキストを作らない設定

　前図Ⓓの機能は無効にできます。これには、[ファイル] → [Options...] を選び、「Behaviors」→「Return Key」カテゴリーを選び、「Return creates new item in list, corkboard and outliner views」《Returnキーを押すと、リストなどで新しいアイテムを作成》オプションをオフにします。

　操作ミスで不要なテキストを作ってしまいがちなときにはオフにするとよいでしょう。ただし、コルクボード表示やアウトライナー表示でも同様に無効になります。

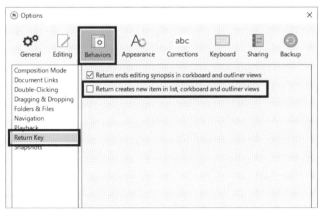

Returnキーでテキストを作らない設定

COLUMN テキストはいつ作る?　どこで区切る?

　実際の執筆において、どのようなときにテキストを追加するか、言い換えると、どのようにテキストを区切るかは、執筆スタイルにもかかわる重要な問題でしょう。

　機能から考えると、ひと続きの内容だからといって1つのテキストにひたすら書いていくのではなく、"適切な区切り"で新しいテキストを追加し、テキストを改めながら書き進めることをおすすめします。テキストの組み替えが簡単であることがScrivenerの特徴の1つだからです。

　では、1つのテキストに収める文字数は、具体的にどれくらいを目安にすればよいのでしょうか。

　仕様面でははっきりした上限はないようですが、実際の動作から見積もると数千字程度にすることをおすすめします。ちなみに本書を執筆したプロジェクトでは、1つのテキストは長くとも1,000字程度です。

　筆者の実験と経験からすると、プロジェクト全体の文字数が同じでも、テキスト1つあたりの文字数が少ないほうが、言い換えると、より多くのテキストに分割したほうが、動作は速くなります。「2.3 複数のテキストを連結して表示する」で紹介するとおり、テキストを細かく分割しても連結して表示できるので、ある程度分割して連結表示を活用することをおすすめします。

　ただし、人によっては、1つにつながった内容だからテキストも分けたくないという場合があるようです。たしかに、テキストの区切りは作者の気分や作風を反映するので一概に何文字で区切るべきとはいえませんし、テキストを改めながら執筆する書き方は一般的な文書作成アプリと比べて独特だという理由もあるでしょう。とはいえ、そのために動作が遅くなってしまうのも問題です。

　筆者としては、連続性が強く意識される部分であっても、トピックの単位を細かくするように発想を変えてみることをおすすめします。たとえば映画では、どれほど緊迫したアクションシーンであっても、最初から最後まで1つのカットで進むことはほとんどありません。主人公の表情を大写しにしたり、全体を見せたり、特定の人物の視線と重ねたり、誰の視線でもなく小道具が映ったり、弾丸と一緒に飛んでいったりと、何度もカメラが切り替わります。Scrivenerのテキストも、そのようにイメージしてはどうでしょうか。

　また、これまで一般的な文書作成アプリで執筆してきた方は、1章分を1つのファイルに分けてきたために、Scrivenerでもその習慣が残ってしまう場合があるようです。しかし、数百万字の原稿を1つのプロジェクトで扱えるScrivenerでは必要のないことです。

　Scrivenerを使って書くときは、遠慮なくテキストを分けた上で、連結表示や、フォルダとファイルグループの機能を活用してみてください。後から構成を組み替える作業は、該当個所を探し出してカット&ペーストするよりも、自分の感覚に基づいて分割したテキストをバインダーでドラッグ&ドロップするほうがずっとラクです。

　書きながらテキストを追加するのが面倒な場合は、まず1つのテキストに書いて、後から推敲するときに分割してもよいでしょう。結合もできるので、気張らずに、自分なりの使い方を探してください。

6 | フォルダを追加する

　アイテムをまとめるにはフォルダを使います。エクスプローラーでファイルをまとめるときと同じです。フォルダを作るには、新しく空のものを作る方法と、既存のアイテムをまとめると同時に作る方法があります。

○ 空のフォルダを作る

　空のフォルダを追加するには、次のいずれかの手順を実行します。するとバインダーで選択されているアイテムの下に新しいフォルダが作られて、名前の入力を待ちます。アイテムの名前は、入力しても、入力せずにおいてもかまいません（アイテムの名前の詳細は「2.2.11 アイテムに名前を付ける」を参照）。

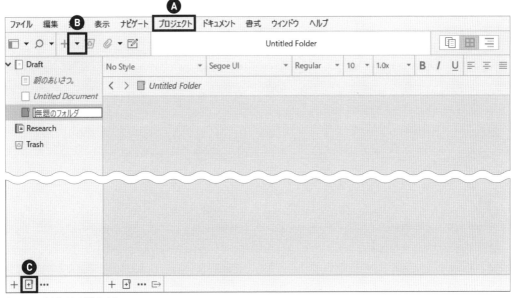

空のフォルダを作るさまざまな方法

Ⓐ［プロジェクト］→［新規フォルダ］を選びます。キーボードショートカットは「Alt＋Shift＋N」キー。
Ⓑ ツールバーの＋ボタンの右隣にある▼をクリックし、［新規フォルダ］を選びます。
Ⓒ バインダー下端にある、フォルダのアイコンがついた＋ボタンをクリックします。

　なお、思わぬ場所にフォルダが作られてしまった場合は、いったん削除するよりも、作成したフォルダを必要な場所へ移動するほうが簡単でしょう（「2.2.8 アイテムの順序と階層を移動する」を参照）。

○ 既存のアイテムをまとめつつフォルダを作る

　既存のアイテムをまとめると同時に新しいフォルダを作ることもできます。これには、まずバインダーで目的のアイテムを選択してから、次のいずれかの手順を実行します。

既存のアイテムを選択して、1つのフォルダにまとめるさまざまな方法

🅐 [ドキュメント] → [New Folder From Selection]《選択アイテムから新規フォルダを作成》を選びます。キーボードショートカットは「Alt + Shift + G」キー。

🅑 選択済みアイテムの上で右クリックし、[New Folder From Selection] を選びます。

🅒 バインダー下端にある「…」ボタンをクリックし、[New Folder From Selection] を選びます。

　実際の執筆では、すでに作成していたテキストを後からまとめたくなることもあるので、この方法も覚えておきましょう。空のフォルダを作ってからテキストを移動するよりも少ない手順で操作できます。

　なお、操作対象とするアイテムは、1つでも、テキストとフォルダが混在しても、同じ階層になくてもかまいません（「2.2.7 複数のアイテムを選択する」を参照）。

7 複数のアイテムを選択する

　バインダーにあるアイテムから複数のものを選択する方法には、エクスプローラーと同様のマウスを使う方法のほかに、[編集] → [選択] 以下のメニューを使う方法があります。

　ここで紹介する方法は、アイテムをフォルダにまとめたり、移動したり、削除したりするときなどに使えます。

◉ マウスを使って複数のアイテムを一度に選ぶ

マウスを使って複数のアイテムを選択する手順は次の図のとおりです。連続したアイテムを選ぶ手順と、連続していないアイテムを選ぶ手順は、それぞれエクスプローラーと同じです。

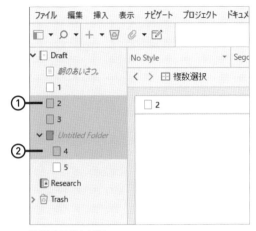

連続したアイテムを選ぶ

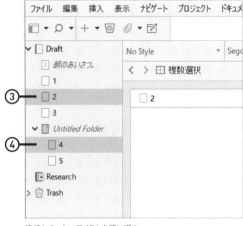

連続していないアイテムを順に選ぶ

① 連続したアイテムを選ぶときは、まず最初のアイテムをクリックします。
② 次に、最後のアイテムを「Shift」キーを押しながらクリックすると、その間にあるアイテムもあわせて選択されます。
③ 離れた場所にあるアイテムを選択するときは、「Ctrl」キーを押しながら、1つずつ順にクリックします。
④ すでに選択しているアイテムを選択から外すには、「Ctrl」キーを押しながら再度クリックします。

NOTE 図を見るとわかるように、Scrivenerのバインダーでは、階層が異なったり、アイテムの種類が異なっていても、同じ操作で選択できます。

◉ メニューを使って複数選択する

[編集] → [選択] 以下には、バインダーのアイテムを選択するときに使えるコマンドが3つあります。バインダーでいずれかのフォルダを選んだ後に操作すると、それぞれ、どのように選択されるのか比べてみましょう。頻繁に使う機能ではありませんが、アイテムが増えてきたときに便利です。

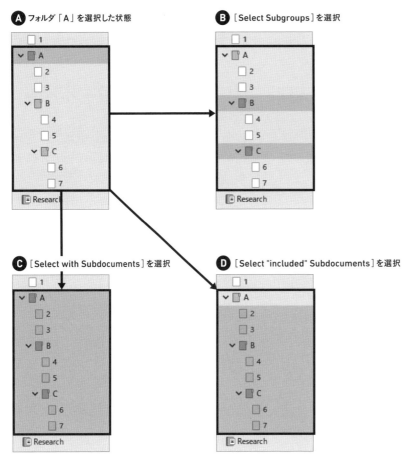

A フォルダ「A」を選択した状態　　**B** [Select Subgroups]を選択

C [Select with Subdocuments]を選択　　**D** [Select "included" Subdocuments]を選択

メニューから下位のアイテムを選ぶ3つの方法

A 元の状態。フォルダ「A」を選択しています。

B [Select Subgroups]《下位グループを選択》を選んだとき。下位にあるフォルダ（グループ）だけ が選ばれています。

C [Select with Subdocuments]《下位ドキュメントを選択》を選んだとき。元のフォルダを含め、 下位のアイテムすべてが選ばれています。

D [Select "included" Subdocuments]《含まれている下位ドキュメントを選択》を選んだとき。 元のフォルダを除き、元のフォルダに含まれている（included）下位のアイテムがすべて選ばれて います。

8 アイテムの順序と階層を移動する

アイテムの順序と階層を移動する方法には、以下の3つの方法があります。

- ドラッグ&ドロップ
- メニューから選択
- キーボードのショートカット

これら3つの方法を覚えて柔軟に使い分けるのが理想ですが、最初の2つは操作がやや面倒なので、ショートカットキーを使う方法をおすすめします。それぞれ見ていきましょう。

● ドラッグ&ドロップを使う

ドラッグ&ドロップで移動するには、バインダーで目的のアイテムを選択してから、上下（順序）、または、左右（階層）を移動します。マウスのボタンを押している間は目印になる線や枠が表示されます。

方向は制限されないので、1度の操作で順序と階層を自由に移動できます。逆にいえば、微妙な操作の違いで意図しない場所へ移動してしまうおそれがあるので、慎重に操作してください。

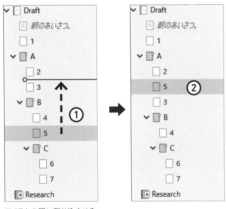

アイテムの間に割り込ませる

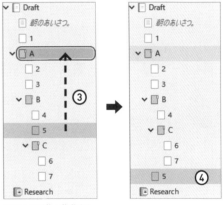

アイテムの下位へ移動する

① 「5」を「2」と「3」の間に移動してみます。アイテムをつかんで移動すると、挿入位置の目安となる線が表示されるので、ドラッグ&ドロップします。

② 「5」が「2」と「3」の間へ移動します。

③ 「5」をつかんで、一階層上にある「A」フォルダに重ねると、「A」フォルダの下位へ移動します。

④ 移動先のフォルダのみを指定したことになるので、順序は「A」フォルダの末尾になります（「B」フォルダは「A」フォルダの直下にあります）。

● ドラッグ&ドロップの移動先を制限する

ドラッグ&ドロップでアイテムを移動するときに注意したいのは、テキストへ重ねた場合です。Scrivenerでは、移動先にテキストを指定できます。つまり、テキストの下位にテキストを置くことができます。

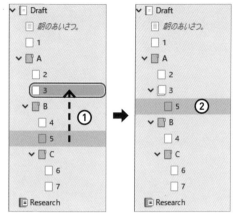
フォルダだけでなくテキストも移動先になる

①「3」はテキストですが、同じくテキストの「5」をドラッグ＆ドロップで重ねることができます。
②すると、「5」が「3」の下位へ移動します。

　このような動作になるのは理由がありますが（詳細は「2.4.3 テキストのまま下位にアイテムを収める」を参照）、もしもこのような操作を避けたいときは、「Alt」キーを押しながらドラッグ＆ドロップします。すると、アイテムの間へ割り込ませたり、フォルダに重ねて下位へ入れることはできますが、テキストに重ねることはできなくなります。

◉ メニューを使う
　メニューから移動先を選ぶには、バインダーで目的のアイテムを選択してから、［ドキュメント］→［Move To］《〜へ移動》以下から移動先を選びます。このメニューは、バインダーでアイテムを右クリックしても表示されます。移動先は限定されません。

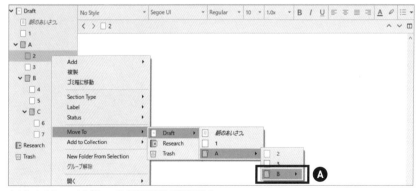
右クリックのメニューから［Move To］以下を選んで移動できる

Ⓐ「B」フォルダの上でクリックすれば、「B」フォルダへ移動します。

● キーボードショートカットを使う

　日常的に最も扱いやすそうな方法が、「Ctrl」キーを押しながら、移動したい方向の方向キー（↑↓←→）を押すキーボードショートカットです。プルダウンメニューでは、バインダーでアイテムを選んだときに、[編集]→[移動]→[上に移動][下に移動][左に移動][右に移動]にあります。

　上下の移動は順序の移動ですが、左右の移動は階層の移動になり、構成によってはフォルダから出る／入る操作になる点に注意してください。この動作は単純ですが、フォルダ構成によっては一時的にアイテムを見失いやすい場合があります。階層の深さを確認しましょう。

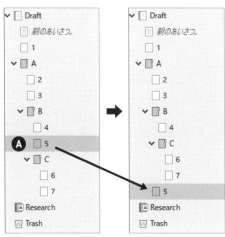

「Ctrl＋←」キーで階層を上げる操作の例

　Ⓐ「B」フォルダから1階層上がると、順序としては「A」フォルダの末尾へ移動します。「2」「3」のテキストと、「B」フォルダは、いずれも「A」フォルダの直下で同じ階層です。

┃9　アイテムを複製する

　アイテムは自由に複製できます。これには、バインダーで目的のアイテムを選択してから、[ドキュメント]→[複製]→[with Subdocuments and Unique Title]《下位のドキュメントと一意のタイトルとともに》を選びます。キーボードショートカットの「Ctrl＋D」キーも覚えておきましょう。この操作では、下位にアイテムがあれば、それらも複製されます。

　一方、メニューで隣に並んでいる[ドキュメント]→[複製]→[without Subdocuments]《下位のドキュメントを除いて》を選ぶと、下位にアイテムがあっても、選択したアイテムだけを複製します。

　どちらを実行しても、名前の入力を待つ状態になります。必要に応じて変更してください。

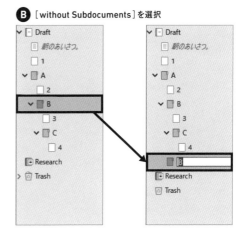

A ［with Subdocuments and Unique Title］を選択　　　　**B** ［without Subdocuments］を選択

2つの複製方法

Ⓐ 下位のアイテムもあわせて複製し、元の名前に枝番を付けて同じ名前になるのを避けています（図では解説のため下位のアイテムを表示しています）。

Ⓑ 下位のアイテムを複製せず、同じ名前を使います。

NOTE　バインダーのアイテムにはさまざまな属性を設定できます。［without Subdocuments］のコマンドは、「下位のアイテムを複製する必要はないが、元のアイテムに設定した属性は流用したい」場合などに使います。なおScrivenerでは、エクスプローラーとは異なり、同じ階層に同じ名前のアイテムがあっても問題ありません。

◉ Alt ＋ドラッグで複製する

　頻繁にアイテムを複製する場合は、「Alt」キーを押しながらドラッグしてアイテムを複製するように設定を変更できます。これには、［ファイル］→［Options...］を選び、「Behaviors」→「Dragging & Dropping」→「Alt-dragging creates duplicates」《Altキーを押しながらドラッグして複製を作成》オプションをオンにします。

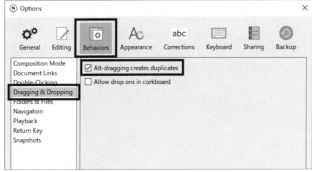

「Alt」キー＋ドラッグで複製する設定

ただし、このオプションをオンにすると、バインダーで「Alt」キーを押しながらアイテムをドラッグしたときに、テキストに重なるのを防ぐ機能（「2.2.8 アイテムの順序と階層を移動する」参照）がオフになります。

10 アイテムを削除する

　不要なアイテムを削除するには、いったん「Trash」《ゴミ箱》フォルダへ移し、完全に削除するには「Trash」フォルダを空にします。この流れはエクスプローラーと同じです。

● ゴミ箱へ移動する

　目的のアイテムを「Trash」フォルダへ移動するには、選択してから、次のいずれかの方法で操作します。

- 「Trash」フォルダへドラッグ＆ドロップして移動する。
- ［ドキュメント］→［ゴミ箱に移動］を選ぶ。キーボードショートカットは「Ctrl + Del」キー。
- マウスを右クリックして［ゴミ箱に移動］を選ぶ。
- ツールバーのゴミ箱アイコンをクリックする。

　「Trash」フォルダは、中に何らかのアイテムがあると、アイコンが変わります。
　「Trash」フォルダにあるアイテムはまだ完全に削除されていないので、取り戻すことができます。これには、「Trash」フォルダを開き、通常の移動の手順で別の場所へ移動します。

● ゴミ箱を空にする

　「Trash」フォルダは、適宜空にしてください。次のいずれかの方法で操作します。

- ［プロジェクト］→［ゴミ箱を空にする］を選ぶ。
- 「Trash」フォルダを右クリックして［ゴミ箱を空にする］を選ぶ。

　すると図のような確認のダイアログが開きます。続行するには「Delete」ボタンをクリックします。

ゴミ箱を空にする確認のメッセージ

　明らかに不要なアイテムを「Trash」フォルダで保管し続けていると、プロジェクトサイズが不必要に大きくなります。すると、プロジェクトをバックアップしたり、クラウドと同期するときに余計な時間がかかる原因になります。

NOTE　「Trash」フォルダにある特定のアイテムだけを選んで削除することもできます。これには、目的のアイテムを選択してから、[編集]→[Delete]を選びます。ただし、「まだ削除はしないが、とりあえず元のフォルダからは外しておきたい」という目的で、「Trash」フォルダを暫定的な置き場所として使うのはやめたほうがよいでしょう。操作の間違いでまとめて削除してしまうおそれがあるからです。「ボツ」などの名前でバインダーの最上位などにフォルダを作るほうが安全です。

11　アイテムに名前を付ける

　アイテムの名前については、まずScrivener特有のルールに注意してください。

　バインダーの各アイテムには、自由に名前を付けられます。ただし、名前は必須ではありません。名前をつけていないアイテムには、自動的に仮の名前が表示されます。ただし、コンパイル機能を使う場合は、原稿の構成と階層構造を同じにした上で、フォルダの名前には見出しを設定すべきです。

● 名前のルール

　バインダーのアイテムの名前には、次のようなルールがあります。

- 同じ階層に同じ名前のアイテムがあってもよい。
- アイテムの名前は、付けても、付けなくてもよい。
- アイテムの名前が付けられていないときは、自動的に仮の名前として、そのアイテムの本文、または、「概要」の属性の冒頭を、斜体とグレーで表示する（「概要」については「3.2.2 カードに書く」を参照）。本文と「概要」の両方があるときは、後者を優先する。
- アイテムの名前は、いつでも変更できる。削除すると、仮の名前を表示する。
- 仮の名前はバインダーでの便宜的なものであり、Scrivenings表示やコンパイルでは名前として扱われない。

自動的に表示された仮の名前と、手作業で名前を付けたときの表示の違い

Ⓐ 仮の名前は斜体とグレーで表示されます。
Ⓑ 手作業で付けた名前は正体とブラックで表示されます。

◉ 名前を変更する

　アイテムの名前を変更するには、バインダーで目的のアイテムの名前をダブルクリックします。すると、名前を書き換えられるようになります。書き換えたら、決定するには「Return」キーを、取りやめるには「Esc」キーを押します。かな漢字変換を終えた後でも、決定していなければ「Esc」キーでキャンセルできます。

名前を変更するにはダブルクリックする

 NOTE プロジェクトを作ると最初に用意されている「Draft」「Reserch」「Trash」のフォルダも、同じ手順で名前を変えられます。また、バインダー以外の場所であっても、名前が表示されているところをクリックまたはダブルクリックすれば変更できます。具体的には、エディターのヘッダーやインスペクターの「概要」などです。

◉ フォルダの名前には見出しを書く

　章節項などの階層構造を持った原稿を書く場合は、フォルダを使って本文のテキストを整理するとともに、フォルダの名前には「第1章 朝」のような見出しの文言を設定することをおすすめします。前図はその一例です。章節項のような階層構造とする場合は、サブフォルダを目次と同じ構成で作り、それらの名前も目次と同様に設定します。

　フォルダの名前に見出しを書かなくても、エラーにはなりません。ただし、原稿全体をまとめて1つのファイルへ出力する「コンパイル」機能では、見出しの文言をフォルダに書くことが前提になっています。

 NOTE 「第1章」のような通し番号付きの文言は、手作業でフォルダの名前に含めてもかまいませんが、コンパイルの機能を使って自動的につけることもできます。この場合は「朝」のような見出しの文言のみをフォルダの名前に設定します（具体的な方法は「6.3.5 章の番号や連載の話数を自動的に振る」を参照）。

2-3 複数のテキストを連結して表示する

複数のテキストを連結表示して、連続性を確認できます。ひと続きの内容も気負うことなく複数のテキストへ分割できるようになると、書き方の自由度を広げます。実際の利用にあたってはフォルダの使い方が重要です。

1 テキストの連結表示とは

　エディターはおもにバインダーで選択したアイテムの内容を編集・表示する領域ですが、テキストに対しては「1つのアイテムを選ぶと、その内容を切り替えて表示する」だけでなく、「複数のアイテムを選ぶと、それらの内容を連結して表示する」ことができます。本書では前者を「ドキュメント表示」、後者を「連結表示」と呼びます。いま表示がどちらであるかは、ツールバーのボタンでも見分けられます。

ドキュメント表示

連結表示

🅐 1つのテキストの内容を表示する「ドキュメント表示」。ツールバーのボタンは書類が1個。

🅑 複数のテキストの内容を連結して表示する「連結表示」（Scrivenings）。ツールバーのボタンは書類が2個で、押されている状態（書類が2個でも押されていない状態は、ドキュメント表示と同様に単一のアイテムを表示）。

「連結表示」は、メニューでは「Scrivenings」と表記されています。アプリの名前を引き継ぐほど重要な機能といえますが、直感的ではないので本書ではこのように呼ぶことにします。なお、「連結表示」はmacOS版Scrivenerの日本語訳で使われている用語です。

2 テキストを分けて連結表示を使う利点

　連結表示の利点を、書くときと、書いた後で考えてみましょう。たとえば、時系列で次のようなストーリーを書くとします。

　　シーンA）少女の父親は再婚した
　　シーンB）義母とその娘たちは少女にいやがらせをした
　　シーンC）少女はがまんして大量の家事をこなした

　書くときの利点は、時系列通りの順序で書く必要がないことです。作者は、必ずしも時系列通りに書きたいとはかぎりません。

　Scrivenerではひとまとまりの内容を複数のテキストに分けて書けるので、3つのシーンを3つのテキストに分けたうえで、書きたいシーンから書き始められます。執筆中でも、連結表示へ切り替えれば全体を確認できます。もちろん、連結表示を使いながらテキストを追加して書き進めたり、新しいテキストを途中に割り込ませることもできます。

　書いた後の利点としては、構成の組み替えが簡単だということです。実際の作品では読者を引きつけるために、時系列とは関係なくインパクトのあるシーンを先にすることがよくあります。前述のストーリーも演出の意図によっては、「C→A→B」も「B→C→A」もありえるでしょう。

　テキストを分けておけばシーンの区切りは明確ですし、順序の入れ替え操作はバインダーで順番を入れ替えるだけですから、納得できるまで実際に入れ替えて、連結表示で全体を確認できます。

本書執筆時点でのVer.3.0.1では、連結表示中にテキストを追加すると表示が乱れる現象があります。テキストを追加したときに明らかにおかしな位置にカーソルが表示されたときは、いったんまったく別のアイテムを表示してエディターを描画し直すと、期待通りの表示に戻ります。

3 テキストを連結表示する

　連結表示を使うには、①対象となるアイテムを選ぶ、②連結表示へ切り替える、という2つの操作が必要です。手順はどちらが先でもかまいませんが、状況によっては異なる表示になることがあるので、もしも期待通りに連結表示にならなかったら、もう1度連結表示へ切り替える操作をしてください。理屈を考えるよりも、再度操作するほうが早いでしょう。

　連結表示するアイテムを選ぶには、手作業で選ぶ方法もありますが（「2.2.7 複数のアイテムを選択す

る」を参照）、フォルダを使ってテキストをまとめていれば、その下位にあるアイテムを選択したのと同じことになります。適宜サブフォルダを使ってテキストをまとめていれば、このほうが簡単です。いずれも、エディターで表示する順序は、バインダーと同じになります。

　エディターでの表示を連結表示へ変えるには、目的のアイテム（たとえばフォルダ）を選んでから、次のいずれかを操作します。

- ツールバーにある「ドキュメント／連結」表示のボタンをクリックする。
- ［表示］→［Scrivenings］を選ぶ。メニューにチェックマークが入るとオンであることを示す。オフの場合はドキュメント表示と同様の、1つのアイテムだけを表示する形式。
- ショートカットキーの「Ctrl＋1」キーを押す。

　いずれも、期待通りの表示にならなかったときは、もう1度同じ操作をしてください。ドキュメント表示と連結表示は操作するたびに切り替わります。

　なお、もしも「Draft」フォルダを選んで前記の操作をすると、原稿全体を連結表示するため、表示するまで相応の時間がかかります。全体を通して表示する必要がないときは、上位のフォルダは避けて、サブフォルダを選ぶことをおすすめします。

NOTE
連結表示が使えるのは、テキストを、プロジェクトウィンドウ内のエディターに表示するときに限ります。クイックリファレンスウィンドウ（「5.2.2 クイックリファレンスを使って資料を参照する」参照）や、コピーホルダー（「5.2.3 コピーホルダーを使って資料を参照する」参照）は単一のアイテムのみを表示するもので、連結表示は使えません。

COLUMN　何を1つのフォルダにするか

　テキストの分割と連結表示を活用するには、フォルダの使い方も重要な課題になります。ここで意識しておきたいのは、最初から完璧なフォルダ構成を作ろうとしないことです。アイテムはいつでも移動できますし、フォルダも必要なだけ作れます。本文を書きながら、あるいは本文を書いた後から組み替えればよいのです。整えることは後回しでもよいので、まずは原稿を執筆することを最優先に考えましょう。

　本書のように章節項の見出しがある場合は、目次と同じ構成でフォルダを作り、本文のテキストを下位に収めるのがよいでしょう。コンパイルの設定項目を見ても、それが妥当な方法です。

　一方、たとえば小説では、どれほど長くても見出しを1つも設けない場合があります。しかし執筆中から完成作品と同じ形態にする必要はありません。ストーリーの区切りを執筆作業用の見出しとして考え、それを章節項と同じように扱うとよいでしょう。全体の見通しがよくなりますし、書きたいシーンが前後してもすぐに目的の箇所を探し出せます。

　脱稿時には、アイテムを移動して作業用のフォルダを本当に削除してもいいのですが、コンパイルの設定を作れば、フォルダを無視して出力することもできます。作業用のフォルダを残しておけば、将来リライトするときにも便利です。

4 仕切りのデザインを変える

　連結表示で使われるアイテムの仕切りのデザインは、4種類から選べます。変更するには、［ファイル］
→［Options...］を選び、「Appearance」→「Scrivenings」→「Options」カテゴリーにある、「Scrivenings
Separator：Normal」《連結表示の区切り：通常》を変更します。

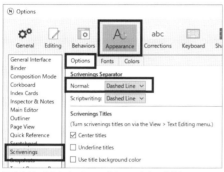

連結表示で使われるアイテムの仕切りのデザインを変える

「Dashed Line」（初期設定）

「Corners」

「Divider」

「Bookish」

> **NOTE**
> アイテムの仕切りのデザインは、非表示にはできません。区切りを消したいほど密接に連続しているのであ
> れば、そもそもテキストを区切らないほうがよいという発想なのでしょう。

2-4 テキスト、フォルダ、ファイルグループ

Scrivenerのテキストとフォルダは実は同じもので、さらに、テキストの下位にテキストを収める「ファイルグループ」という種類のアイテムもあります。独特の機能ですが、そのような仕組みがあることだけでも知っておきましょう。

1 内部的にはすべてがテキスト

これまでプロジェクト内のテキストやフォルダを、エクスプローラーでのファイルやフォルダと同様のものとして扱ってきました。しかし、テキストの下位にテキストを配置できるなど、不思議な動作をすることがありました。

実はScrivenerでは、テキストとフォルダのどちらも実体はテキストファイルであり、バインダーでは階層化して表示しているだけです。このため、テキストはフォルダのような機能を、フォルダはテキストのような機能を持っています。

一見すると不思議な仕組みですが、両者が厳密に分けられていないことによる利点もあります。無理に使う必要はありませんが、そのような特徴を持っていることをまず把握しましょう。

2 フォルダ自体に文章を書く

Scrivenerのフォルダは、「ほかのアイテムをまとめる」という点ではエクスプローラーのフォルダと同じ機能を持っていますが、さらに、フォルダ自体に文章を書いたり、インスペクターを使ってさまざまな属性を設定できるなど、テキストと同じ機能も持っています。本文を書くときの手順はテキストと同じで、バインダーでフォルダを選んでからエディターをクリックします。

フォルダを選択してから、ドキュメント表示と連結表示を切り替えたときに、エディターがそれぞれどのような表示になるかを調べることで、フォルダ自体に文章を収められることを確かめてみましょう。

次の図を見比べてください。2つの図は、どちらも「フォルダ1」フォルダを選択しています。

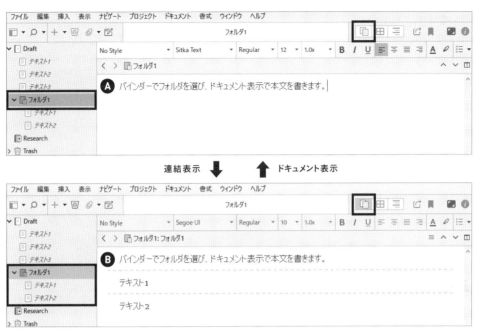

連結表示 ⬇ ⬆ ドキュメント表示

連結表示に切り替えて、フォルダに本文が書かれていることを確かめる

🅐 ドキュメント表示ですので、文章を収めているアイテムは「フォルダ1」です。

🅑 連結表示ですので、「フォルダ1」という名前のフォルダと、そこに収めている2つのテキストの本文を、連結して表示しています。

NOTE ツールバーの「ドキュメント／連結表示」ボタンの状態を見ると、🅐は書類のアイコンが2個ですが、ボタンが押されていない状態です。これは「連結表示だが、単一のアイテムの本文を表示する状態」ですので、結局はドキュメント表示と同じです。図に示したとおり、「再度連結表示へ切り替える操作を行えば連結表示になる」ということだけ覚えておけば、実用上は十分です。

○ コンパイルではフォルダ自体の文章を分けて扱える

　フォルダ自体にも文章を書けることは、おそらくとても違和感があると思いますし、エディターだけではフォルダとテキストを見分けられないので「本文を書いたはずなのに、どこかへ消えてしまった」という誤解の原因になることもあります。

　筆者としては、フォルダの特性を踏まえた上で、慣れないうちはフォルダ自体に文章を書かないことをおすすめします。

　もしもフォルダに本文を書いてしまったときは、アイコンで見分けられます。フォルダの右下に書類が重なっていれば、そこに本文を書いてしまっているということです。ただし、フォルダに概要を書いたときのアイコンと似ているので注意してください（アイコンについては「2.5.1 アイテムにアイコンを付ける」を参照）。

COLUMN フォルダ自体の文章をリードとした例

　フォルダ自体に本文を収められることにも利点はあります。コンパイルの設定では、「フォルダ自体の本文」と「テキストの本文」のそれぞれに、異なるフォントやサイズ、所定の処理などを指定できます。

　筆者が本書の執筆で使用したプロジェクトでは、編集者へ原稿を提出する前の、PDFを使った推敲に、この機能を使って簡易的なレイアウトを行いました。

　具体的には、「章や節のリードをフォルダ自体に書く」というルールを自分で決め、リード部分（フォルダ自体の本文）にはゴシック体、本文（テキストの本文）には明朝体と使い分けました。これにより、PDFを使った推敲では非常に見やすくなりました。

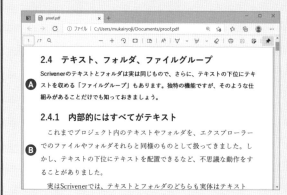

筆者が推敲のために出力したPDFの例

Ⓐ「リードはフォルダ自体に書く」と自分で決めることで、本文とは別のゴシック体を設定しています。

Ⓑ 通常の本文は明朝体を設定しています。

　設定内容の詳細についてここでは詳細を解説できませんが、このプロジェクトテンプレートは無償で配布しているので、興味がある方は筆者が主催する下記のサイトをご覧ください。

➡「ファイル配布」（S2ファンサイト）
https://s2.mukairyoji.com/public

3　テキストのまま下位にアイテムを収める

　フォルダがテキストの機能を持っているように、テキストもフォルダの機能を持っているため、テキストが下位にアイテムを収めることができます。下位にアイテムを収めたテキストを「ファイルグループ」または「ドキュメントグループ」と呼びます。

　下位にアイテムを収めたり、取り出したりする手順は、フォルダと同じです。たとえば、テキストAにテキストBを重ねるようにドラッグ＆ドロップすると、テキストAの下位にテキストBが収められてファイルグループになります。逆に、下位にあるアイテムを別の場所へ移動して、下位にアイテムがなくなると、ファイルグループは自動的に通常のテキストへ戻ります。

　テキストとフォルダの変換は手作業で行う必要がありましたが、テキストとファイルグループの変換は、下位にアイテムがあるかどうかで自動的に判別されます。よって、テキストとファイルグループの区別は、とくに意識する必要はありません。

次の図は、「テキスト2」を選択して、[編集]→[移動]以下のメニューを使って階層を移動したところです。「テキスト1」のアイコンや、左隣の「V」マークの表示が自動的に変わったことがわかります。

[右に移動]
（階層が下がる）

[左に移動]
（階層が上がる）

テキストも下位にアイテムを収められる

● ファイルグループの利点

フォルダに対するファイルグループの利点は、おもに2つあります。

1つは、移動の操作だけで、グループ化とグループ解除ができることです。テキストとフォルダを変換するにはメニューを操作する必要がありますが、ファイルグループはアイテムを移動するだけで自動的に変換されます。

もう1つは、見出しにせずにテキストをグループ化できることです。コンパイルの基本的な設定では、フォルダは章節項などの見出しになりますが、逆にいえば、グループ化するためにフォルダを使うと見出しになってしまうので、目次に反映させずに、執筆の便宜を図る目的だけでグループ化することができません（「セクションタイプ」という属性を使うと、目次に反映させないようにフォルダを使うことも可能ですが、設定の手間がかかります）。

一方、ファイルグループはコンパイル時にフォルダとは別の設定ができるので、執筆中の便宜を図るためだけにグループ化したい場合や、通常の見出しとは別の設定をしたい場合に利用できます。

NOTE 「Draft」フォルダ以外の場所では、画像やPDFなど、テキスト以外の形式のファイルを収められます。ファイルグループと同じ手順でファイルをグループ化できるので、たとえば、画像の下位に別の画像を収めるようなことができます。

4 テキストとフォルダを変換する

バインダーに配したテキストとフォルダは、本文や属性を保ったまま、互いに変換できます。これには、目的のアイテムをバインダーで選択し、次のいずれかの手順を実行します。

- [ドキュメント]→[書式の変換]→[フォルダへ][ファイルへ]を選ぶ。
- 右クリックして、[フォルダに変換][ファイルに変換]を選ぶ。

この機能があるので、いったんテキストとして作成して本文を書いた後にフォルダへ変更したり、フォルダとして下位にアイテムを収めつつテキストへ変更したりすることができます。

COLUMN ファイルグループは考えながら書く人の味方

　ファイルグループの機能はテキストとフォルダの区別をあいまいにするもので、「エクスプローラーにとってのファイルとフォルダ」と対比すると、とてもわかりにくいものといえます。

　しかしコンパイルとの関係でいえば、ファイルグループの存在は、「テキスト＝本文」と「フォルダ＝見出し」の判別を先送りする機能を持っています。このことは、アイデアをまとめる初期段階ではとくに重要なことです。

　作品の構成を考えるときは、章のような最も大きな枠から分けて上位から見出しを立てていく「ブレイクダウン型」の場合と、個別のトピックを書き並べグループ化することで小さい枠を作り下位から見出しを立てていく「ボトムアップ型」の場合の、両方があるでしょう。あるいは、1つの作品の中でも、双方を使い分けることもあるでしょう。

　ブレイクダウン型であれば、見出しは初めから見出しとして構成されるので、Scrivenerでも初めからフォルダとして作成できます。一方ボトムアップ型の場合、グループ化したトピックを、どの階層であれ作品の見出しとするかどうかは、拙速には決められません。最終的に大きな章になる場合もあれば、見出しのない本文に組み込まれる場合もありえます。Scrivenerでいえば、フォルダにするかどうかは決められない状態です。

　トピックをグループ化するときにフォルダを使うと、それは原稿に反映される見出しになってしまいますし、テキストへ変換するにはメニューを操作する手間があるので、無意識的に見出しとして固定化されかねません。しかし、個別のトピックをボトムアップ型で成長させていく場合は、グループ化したものが必ずしも見出しになるとはかぎりませんし、実際には原稿を書きながらグループ化を考えていくこともあるでしょう。

　一方ファイルグループの機能を使えば、いつグループにしても、途中でグループをやめてもかまいません。操作はアイテムを移動するだけですから手間は最小限です。自由に動かして検討を重ね、最終的に「このグループは見出しとする」と判断できたときに、ファイルグループをフォルダへ変換します。作品として発表するからにはいつかは決める必要がありますが、脱稿するまでの間のいつでもよいのです。

　個別のトピックを収めたテキストのままグループ化できる、しかも、グループ化とグループ解除を移動だけで操作できるファイルグループの機能は、見出しにするかどうかの決定を引き延ばしたい、考えながら書く人の味方であるといえます。

2-5 バインダーの応用

執筆を進め、バインダーのアイテムや階層が増えてきたときに便利な機能をまとめて紹介します。バインダーの操作は執筆の快適さに強く影響するので、必要に応じて読み返してください。

1 アイテムにアイコンを付ける

バインダーのアイテムのアイコンは、種類と状態に応じて自動的に変化します。

また、個別のアイテムに好みのアイコンを付けて目印にできます。指定できるアイコンには、Scrivener内蔵、Windowsの絵文字、自分で用意した画像の3種類があります。ただし、アイテムの状態に変化があってもアイコンには反映されなくなります。

複数のアイテムを同じアイコンへ変更する場合は、それらをまとめて選択してから操作します。

● 初期設定のアイコン

初期設定では、バインダーのアイテムに使われるアイコンは次の図のとおりです。サイズが小さいため判別しづらい場合も多いのですが、少なくとも白紙だけ見分けが付けば十分でしょう。アイコンのサイズは変更できません。なお、「概要」については「3.2.2 カードに書く」、「スナップショット」については「5.6.1 スナップショットとは」で紹介します。

これらのアイコンの基本ルールは次のようなものです。

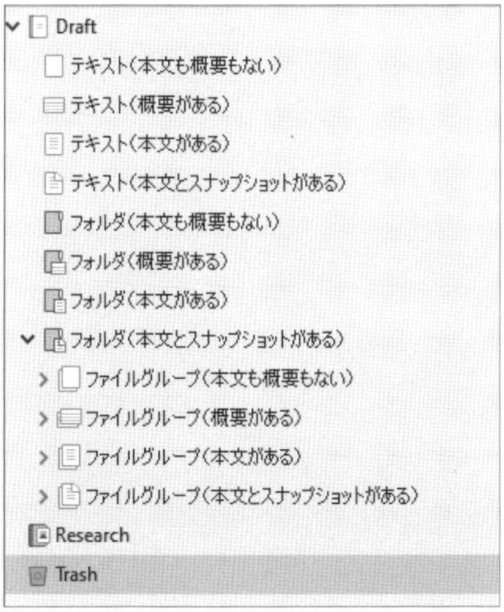

バインダーで使われるアイコンは種類と状態で変化する

- 白紙……本文も概要もない
- カード型（横長で横罫が引いてある）……概要があり、本文がない
- 文書型（縦長で文章が書いてある）……本文がある（概要の有無は無関係）
- 角に折り目がついている……スナップショットがある

● Scrivener内蔵のアイコンを付ける

バインダーのアイテムにScrivener内蔵のアイコンを付けるには、目的のアイテムを選んでから、[ドキュメント] → [アイコンの変更] 以下からアイコンを選びます。

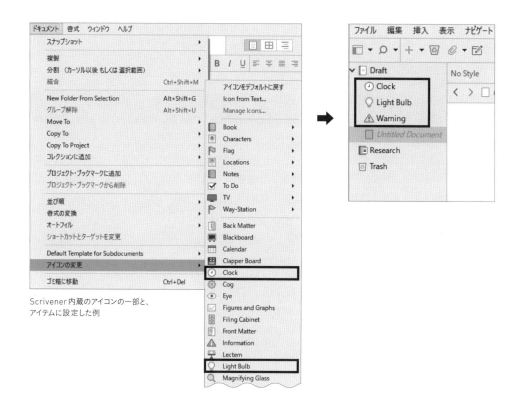

Scrivener内蔵のアイコンの一部と、
アイテムに設定した例

● Windowsの絵文字をアイコンに付ける

バインダーのアイテムにWindows内蔵の絵文字のアイコンを付けるには、目的のアイテムを選んでから、[ドキュメント] → [アイコンの変更] → [Icon from Text...] を選びます。ウィンドウが開いたらスマイルマークをクリックして一覧から好みのアイコンを選び「OK」ボタンをクリックします。

この機能は絵文字や記号をアイコン化することを想定したものですが、絵文字の代わりに通常の文字を入力して使うこともできます。ただし、アイコンのサイズは小さいため、全角文字では1文字、半角文字では2文字までにするのがよいでしょう。

絵文字や通常の文字をアイコン化できる

Ⓐクリックするとアイコン一覧が表示されるので、目的のものを選びます。
Ⓑ入力欄に漢字1文字を入力してもアイコン化できます。

　この手順でアイコンを設定すると、［ドキュメント］→［アイコンの変更］の中に「Text Based Icons」というサブメニューが作られ、その中から選べるようになります。ほかのアイテムにも同じアイコンを付けるには、このメニューから選びます。

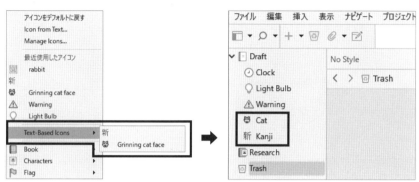

テキストから作成したアイコンは［Text Based Icons］へまとめられる

◉ 任意の画像をアイコンとして付ける

　バインダーのアイテムに任意の画像をアイコンとして付けられます。この操作はバインダーのアイテムへの指定とは関係なく行うため、あらかじめアイテムを選んでおく必要はありません。手順は次の図のとおりです。

　画像ファイルを用意したら、［ドキュメント］→［アイコンの変更］→［Manage Icons...］を選びます。ウィンドウが開いたら、「＋」ボタンをクリックして画像ファイルを選んで登録します。すると［ドキュメント］→［アイコンの変更］以下に表示され、Scrivener内蔵アイコンと同じように選べるようになります。

任意の画像を登録してアイコンに付けられる

クリックして画像ファイルを選択

Ⓐ 使用する画像ファイルは、iOS版との互換性を考慮すると、縦横90ピクセルのものがよいとされています。

Ⓑ 「＋」ボタンをクリックして画像ファイルを登録します。

Ⓒ メニューから選べるようになります。

> 「Icon from Text」のウィンドウで日本語を入力できない場合は、別の場所で入力・変換してコピーしてから、
> このウィンドウでペーストしてみてください。また、[Manage Icons...]のメニューがグレーアウトして選べない
> **NOTE** ときは、いったんプロジェクトを閉じると動作が改善することがあります（いずれもVer.3.0.1での動作）。

◉ アイテムに付けたアイコンを外す

手作業で付けたアイコンを外すには、目的のアイテムを選んでから、[ドキュメント]→[アイコンの変更]→[アイコンをデフォルトに戻す]を選びます。

｜2 バインダー全体の見栄えを変える

バインダーの色づかいやフォントサイズなどの見栄えをカスタマイズできます。これには、[ファイル]→[Options...]を選び、「Appearance」→「Binder」カテゴリーの中で設定します。煩雑になるので、本書では重要な設定項目のみ紹介します。

◉ 「Options」タブ

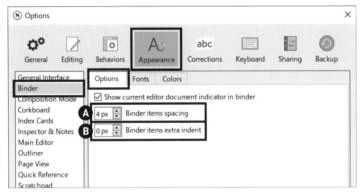

Ⓐ 「Binder items spacing」《バインダーのアイテムの間隔》：アイテムの間隔をポイント単位で指定します。値を増やすと行間を広げ、減らすと行間を狭めます。多くのアイテムを表示するには値を減らすとよいでしょう。最小値は0です。

Ⓑ 「Binder items extra indent」《バインダーのアイテムの追加インデント量》：バインダーでは階層に応じて段階的にインデントされますが、値を増やすとインデントの幅を広げます。階層を強調したいときに便利です。

初期設定　　　　　　　　　　　　　　　🅐を「8px」、🅑を「10px」に変更した例

❍「Fonts」タブ

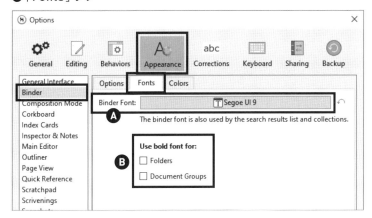

🅐「Binder Font」《バインダーのフォント》：バインダーで使うフォントを指定します。ただし、サイズを変えてもアイコンのサイズは変わりません。

🅑「Use bold font for」《〜に太字フォントを使う》：フォルダまたはドキュメントグループに太字を設定します。

「Use bold font for：Folders」オプションをオンにした例

●「Colors」タブ

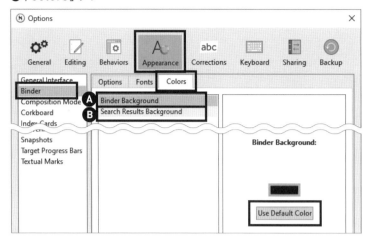

Ⓐ「Binder Background」《バインダーの背景》：ウィンドウ右側の色を表示している部分をクリック
して設定します。文字の色を設定する項目がありませんが、ここでの設定に応じて自動的に設定
されます。「Use Default Color」ボタンをクリックすると、この項目だけ初期設定へ戻すことが
できます。なお、ウィンドウ全体の色づかいを変えたいときは、「テーマ」機能を使うほうが簡単
です（「2.6.4 テーマで基本的な見栄えを変える」を参照）。

Ⓑ「Search Results Background」《検索結果の背景》：バインダーで検索結果の一覧を表示すると
きに使われる背景色を設定できます。

「Binder Background」に黒を設定した例

3 1度の操作でフォルダを開閉する

　1度の操作で、フォルダやファイルグループを一斉に開閉できます（以下の操作はファイルグループで
も同じですが、煩雑ですので省略します）。

　アイテムの数や階層が増えると、下位にあるアイテムを確認するために1つずつ操作するのはたいへ
ん面倒ですが、ここで紹介する方法を知っていればその手間はありません。実際にアイテムが増えた
ときのことを想定して、ここでは次の図のようなサンプルを使います。

全てのフォルダに下位のアイテムがある、サンプルのプロジェクト

　以下に紹介する操作のポイントは、Scrivenerは、バインダーにあるフォルダの開閉状態を保存していることです。それぞれの操作は単純ですが、組み合わせることで好みの状態に手早く操作できるようになります。3つ以上の階層がある作品ではとくに効果的でしょう。

● 対象以下のすべてのフォルダを開閉する

　目的のアイテムの下位にあるフォルダを一斉に開閉するには、「Alt」キーを押しながらフォルダ左隣の＞をクリックします。この操作の意味は、閉じたフォルダに対する操作を比べるとわかります。

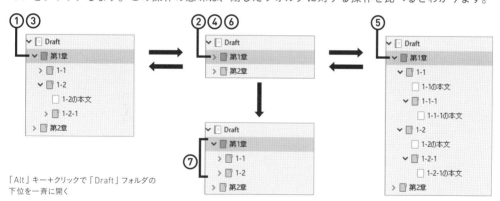

「Alt」キー＋クリックで「Draft」フォルダの
下位を一斉に開く

①最初の状態では「第1章」フォルダの下位の階層の開閉状態はまちまちです。執筆を続けていると、たいていこのような状態になるでしょう。「第1章」の∨をクリックして閉じます。

②「第1章」の＞をクリックして開きます。

③閉じたときの状態が再現されます。開閉状態が保存されているからです。再度「第1章」の∨をクリックして閉じます。

④「Alt」キーを押しながら「第1章」の＞をクリックして開きます。

⑤「第1章」の下位にあるすべてのフォルダが開きました。下位に対しても同じ操作をしたからです。「Alt」キーを押しながら「第1章」の∨をクリックして閉じます。

⑥「第1章」の>をクリックして開きます。

⑦「第1章」の直下にあるアイテムだけが開きました（より下位にあるアイテムは開きません）。⑤の操作によって下位のフォルダすべてを閉じていたからです。

● すべてのアイテムを開閉する

バインダーにあるすべてのアイテムを一斉に開閉するには、［表示］→［アウトライン］→［すべて展開］または［すべて閉じる］を使います。散らかったバインダーをまとめて整理するときに便利です。

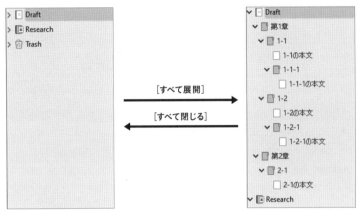

すべてのアイテムを1度の操作で開閉する

● すべてのアイテムを指定した階層で閉じる

バインダーにあるすべてのアイテムを指定した階層で閉じるには、［表示］→［アウトライン］→［現在のレベルまですべて閉じる］を選びます。

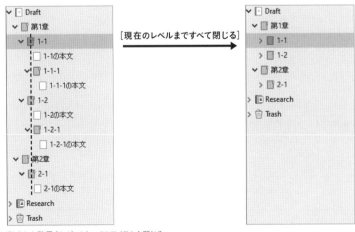

指定した階層（1-1）ですべてのアイテムを閉じる

もしも最上位の階層にある「Draft」フォルダを選んでこのコマンドを選ぶと、[表示]→[アウトライン]→[すべて閉じる]を選んだときと同じ結果になります。

NOTE　残念ながら、「現在のレベルにすべて開く」というコマンドはありません。以下の手順で代用してください。①[表示]→[アウトライン]→[すべて展開]を選びます。②目的の階層のアイテムをクリックします。③[表示]→[アウトライン]→[現在のレベルまですべて閉じる]を選びます。

4 | 編集中のアイテムをバインダーで表示する

　いまエディターで編集しているアイテムがバインダーのどこにあるかを調べるには、[ナビゲート]→[Reveal in Binder]《バインダーで表示》を選びます。そのアイテムの上位のフォルダが閉じているときは、自動的に開いて、そのアイテムを強調表示します。なお、「Reveal」とは「ベールを取る」、つまり、隠れているものを明らかにするという意味です。

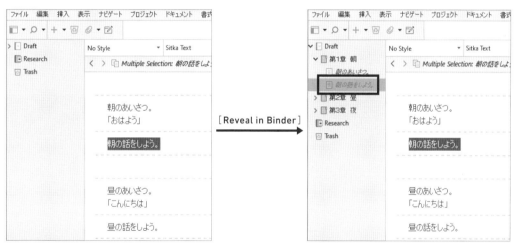

編集中のアイテムをバインダーで表示する

NOTE　バインダーで選択されているアイテムと、カーソルがあって編集中のアイテムは、それぞれバインダーで強調表示されます。後者は「ドキュメントインジケーター」と呼ばれます。初期設定では濃さの異なる灰色で示されますが、執筆中に両者を区別するのはあまり簡単ではありません。編集中のアイテムをバインダーで探すには[Reveal in Binder]を使うことをおすすめします。

5 特定のフォルダに集中する

　特定のフォルダに集中したいときは、目的のフォルダに表示を絞り込んで、それ以外のアイテムをバインダーから隠してしまう「ホイスト」という機能もあります。ホイスト（hoist）とは「（荷物などを）釣り上げる」という意味で、メニューでは「巻き上げる」と訳されています。

　ホイストするには、バインダーで目的のフォルダを選んでから、[表示]→[アウトライン]→[バインダーを巻き上げる]を選びます。対象は「Draft」フォルダの外でもかまいません。また、この機能は表示を変えているだけですので、アイテムやその内容には影響しません。

　ホイストをやめるには、同じメニューを再度選ぶか、表示が切り替わったときにバインダーの左上に現れる×アイコンをクリックします。

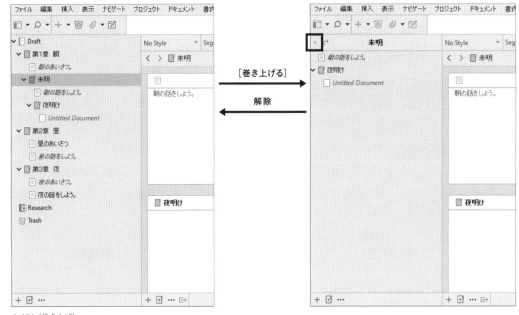

ホイスト（巻き上げ）

> **NOTE**
> ホイストを使うとそれ以外のアイテムがバインダーに表示されなくなり、ほかの原稿や、メモや資料のフォルダも参照できなくなります。それらを参照しないでよいほど集中したいときはよいのですが、そうでない場合は、あらかじめ「クイックリファレンス」（「5.2.2 クイックリファレンスを使って資料を参照する」を参照）を使って別のウィンドウで開いておく、メモや資料は別のアプリで管理するなどの使い方が考えられます。

2-6 プロジェクトの応用

プロジェクトや、プロジェクトウィンドウ全般にかかわる機能をまとめて紹介します。快適な執筆環境を築くのに役立つでしょう。プロジェクトテンプレートやプリセットは、機能を学びながらバージョンアップしましょう。

1 お気に入りプロジェクトとして登録する

編集中のプロジェクトを「お気に入りプロジェクト」（Favorite Project）として登録できます。これには、［ファイル］→［Add Project to Favorites］《プロジェクトをお気に入りへ追加》を選びます。

お気に入りとして登録したプロジェクトは、［ファイル］→［Favorite Projects］以下から選べるようになります。

編集中のプロジェクトをお気に入りから解除するには、［ファイル］→［Remove Project from Favorites］《プロジェクトをお気に入りから外す》を選びます。

お気に入りには、執筆中の作品など、作業が進行中のプロジェクトを登録しておくとよいでしょう。文字数が多くなると執筆期間は当然長くなりますし、作業中にプロジェクトをうっかり閉じてしまうこともあります。エクスプローラーからプロジェクトを開くのは手間がかかるので、登録しておくと意外と便利です。

なお、最近開いたプロジェクトは、［ファイル］→［最近使用したプロジェクト］以下にも自動的に登録されます。執筆スタイルにあわせて併用してください。

2 複数のプロジェクトを使う

プロジェクトファイルは、同時に複数開いておくことができます。開き方に特別な手順はなく、ウィンドウが複数開きます。同時に複数の作品を書くことはなくても、新作を執筆しながら過去の作品や資料を参照したり、アイテムをコピーしたりできるようになります。

複数のプロジェクトの間でアイテムをコピーするには、コピー元とコピー先の両方のプロジェクトを開き、コピー元のプロジェクトのバインダーでアイテムを選んでから、次のいずれかの操作を行います。元のプロジェクトで離れた場所にある複数のアイテムも、1度の操作でコピーできます（「2.2.7 複数のアイテムを選択する」を参照）。

- コピー先のプロジェクトのバインダーへドラッグ＆ドロップする。コピー先の位置を示す線や枠が表示されるのは、同一プロジェクト内での操作と同じ。
- ［ドキュメント］→［Copy to Project］→［（プロジェクトファイル名）］以下からコピー先を選ぶ。

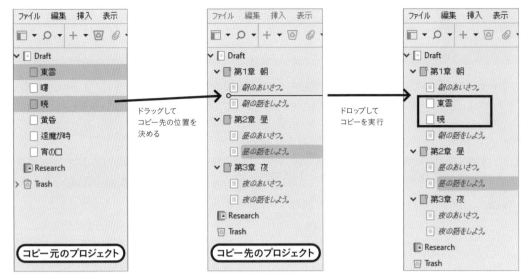

選択アイテムをドラッグ＆ドロップして、プロジェクト間でコピーできる

 NOTE macOS版のScrivenerでは複数のプロジェクトを1つのウィンドウにまとめて、タブで切り替えることができますが、Windows版にはこの機能はありません。タブを使いたい場合は、汎用のユーティリティアプリで代用してください。たとえばNURGO Software社の「Tidy Tabs」（https://www.nurgo-software.com/products/tidytabs）は、個人使用で、タブが3つまでであれば、無償で利用できます。筆者が試したところでは、Scrivenerでも問題なく動作しました。

COLUMN 「★ネタ帳★」プロジェクトを作る

　どの作品（プロジェクト）に入れるかまだ決められないアイデア段階の断片を収める方法の1つとして、"ネタ帳"専用のプロジェクトを作る方法が考えられます。作品として企画や方向性が決まったら、ネタ帳から個別のプロジェクトへコピーします。

　ネタ帳用のプロジェクトは、名前を「★ネタ帳★」のような目立つ名前にして、さらにお気に入りへ登録すると、書き留めるときに便利です（「2.6.1 お気に入りプロジェクトとして登録する」も参照）。

　なお、Scrivenerには断片を収めるための「スクラッチパッド」（「3.4 断片を書き留めるスクラッチパッド」を参照）という機能もありますし、モバイル端末との快適な同期を重視するのであれば最初はDynalistなど他社のサービスに書き留めてから、適宜Scrivenerの「★ネタ帳★」プロジェクトへ移す方法もあります。執筆スタイルにあわせて検討してください。

3 プロジェクトのテンプレートを自作する

　新しいプロジェクトファイルを作るときは「プロジェクトテンプレート」を使いましたが（「2.1.2 プロジェクトを作る」を参照）、テンプレートは自作できます。形式が似た作品を執筆することが多いときは、作品の完成後などに基本的な要素を残してテンプレート化すると、次の作品を書き始めるときに便利です。

　プロジェクトテンプレートを自作するには、意図せず原稿を失うことのないように注意してください。慎重に進めていただくためにも、手順を追って紹介します。

STEP
01
元にしたいプロジェクトを決めたら、［ファイル］→［名前を付けて保存］を選び、区別しやすい名前で保存します。
Scrivenerはプロジェクトファイルを自動的に上書き保存するため、元のプロジェクトをそのまま使ってしまうと、完成した作品を意図せず変更してしまうおそれがあります。最初に作業用のプロジェクトを作りましょう。

STEP
02
残したい要素を確かめながら、テンプレートに含めたくない要素を削除します。
バインダーのアイテムを削除するときは、最後に「Trash」フォルダを空にしてください。ここにあるアイテムもテンプレートに含まれてしまいます。ほかにも、ラベル、キーワード、セクションタイプなど、さまざまな要素や設定にも注意してください。

STEP
03
［ファイル］→［名前を付けてテンプレートを保存...］を選びます。「New Project Template」のダイアログが表示されたら、必要に応じて設定してから、「OK」ボタンをクリックします。ここでの設定は、いずれも［ファイル］→［新規プロジェクトを作成］を選ぶと表示される「プロジェクトテンプレート」ウィンドウでの表示に使われます。

Ⓐ「タイトル」：ここで作成するテンプレートの名前です。
Ⓑ「カテゴリー」：登録先のカテゴリーを指定します。「Custom」を選ぶと次の欄に入力できるようになり、新しいカテゴリーも作れます。
Ⓒ「Icon」：メニューから好みのものを選びます。自分で用意した画像を使うには、メニューの末尾にある［Choose...］を選び、表示に従って画像ファイルを選びます。

STEP
04

［ファイル］→［新規プロジェクトを
作成］を選び、いま保存したテン
プレートがあることを確かめます。

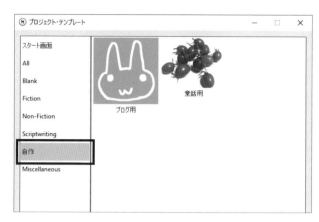

COLUMN プロジェクトテンプレートの作成は
次回作執筆の直前に

　自分用のプロジェクトテンプレートは、次の作品を書く前に、前作を流用して作るとよいでしょう。筆者自身
も、新作を書き始めるたびに自分用のテンプレートをバージョンアップしています。

　Scrivenerにはとても多くの機能があるので、何もない状態のプロジェクトを開いて、執筆に必要になるも
のを予想してテンプレートを作るのはたいへん難しいでしょう。しかし、執筆中にさまざまな設定を作り込んだ
後に、次回作の執筆に必要なものを残すのは簡単なはずです。

　執筆作業と並行してScrivenerの機能を学んでいくと、自分なりの新しい使い方も思いつきます。脱稿し
た状態のプロジェクトは、自分用に作り込んだ書斎のようなものです。これをテンプレート化すると、自分用の
セッティングができた状態から新作を書き始められるので、執筆も速やかに始められます。

---

4 テーマで基本的な見栄えを変える

　プロジェクトウィンドウ全体の基本的な配色の組み合わせを変更できます。この機能を「テーマ」
（Theme）と呼びます。暗い場所で執筆する機会が多い場合や、全体の色調を変えて気分を盛り上げ
たいといったときに使うとよいでしょう。

　テーマを変更するには［ウィンドウ］→［Themes］以下から選びます。初期設定の［Default］を含め
ると、全部で9種類あります。名前に「Dark」と入っているものは、背景を暗く、文字を明るくしたも
のです。原則として、適用するにはアプリを再起動する必要があります。メッセージウィンドウに従っ
てください。

テーマは初期設定の「Default」を
含め全部で9種類

「Dark Mode」のテーマ

　なお、色づかいを変更するには［ファイル］→［Options...］を選んで開く「Options」ウィンドウの「Appearance」カテゴリーもありますが、こちらはおもに個々の機能で使われる領域を設定します。「Theme」で全体の基調を変え、「Appearance」で特定の領域を変えるという流れで設定するとよいでしょう。

5 オプションを管理する

　アプリの環境設定は、「プリセット」（Preset）として独立したファイルへ書き出せます。また、プリセットを読み込むことで、設定を一括で変更できます。アプリの設定をバックアップしたり、新しい設定を試したいときに保存しましょう。

　プリセットを管理するには、［ファイル］→［Options...］を選んで、「Options」ウィンドウを開き、ウィンドウ左下の「Manage」ボタンをクリックしてメニューを開きます。ここで重要なコマンドは上の2つだけです。

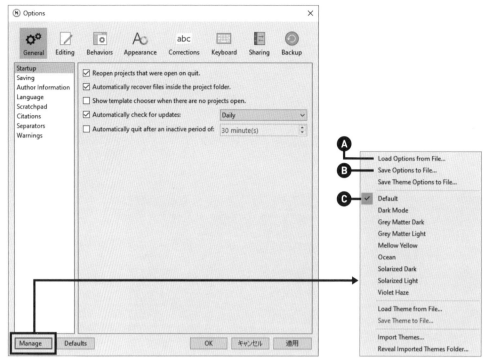

プリセットを管理する

Ⓐ [Load Options from File...]《オプションをファイルから読み込む》：任意の場所にあるプリセットファイルを読み込み、現在の環境設定として設定します。

Ⓑ [Save Options to File...]《オプションをファイルへ保存》：現在の環境設定をプリセットファイルとして任意の場所へ保存します。

Ⓒ 「Default」：すべての環境設定を初期化します。なお、自作したプリセットの最初の状態へ戻すにはⒶを使ってください。

　プリセットは、別のPCへインストールしたScrivenerで同じ設定を使いたいときにも便利です。その場合は、元のPCで使っていたものと同じフォントをインストールしているか、バックアップやスクラッチパッドに使うフォルダのパスを修正する必要がないか、必要に応じて確認してください。

NOTE Ver.3.0.1のユーザーガイドによれば、[Save Theme Options to File...] のコマンドはまだ完成していないとされています。使わないほうがよいでしょう。

//

COLUMN プリセットは随時バージョンアップ

　快適な執筆環境を作るために、プリセット作りは重要な機能です。単に保存するだけでなく、段階的なバックアップもおすすめします。

　豊富なカスタマイズ機能はScrivenerの特徴の1つですし、執筆スタイルは人それぞれなので、こだわる方もきっと多くいることでしょう。しかし設定項目が多いため、新しい設定を試して期待通りにならなかったときでも、その項目がどこにあったか思い出せないこともあります。一方、文字数表示のように、日本語作品では必ず変更すべき設定もあります。

　そこで、まずは「1.4 日本語向けの環境設定」で行ったような、「絶対に必要な変更」を行った段階で保存し、カスタマイズするときの起点にするとよいでしょう。

　次に、納得できる設定がひととおりできた段階で保存し、バージョンアップします。このとき、ファイル名は変えて保存しましょう。これで、もしも期待通りにならなかった場合でも、保存した段階までは戻ることができます。

　以後はこれを繰り返してください。快適な執筆環境を追求するには、随時プリセットとして保存し、バージョンアップしていきましょう。

6　トラブル対策

　Scrivenerは比較的クラッシュの少ないほうだと思われますが、問題が起きないアプリはありません。動作がおかしくなったら、以下の順に対策してみてください。

- アプリを最新バージョンへ更新します。バージョンアップの有無を調べるには、［ヘルプ］→［アップデートの確認...］を選びます。メッセージは日本語がおかしいですが「Scrivenerがアプデートされました」と表示されればすでに最新版です。
- 特定のプロジェクトだけ動作がおかしいときは、［ファイル］→［上書き保存してサーチインデックスを再構築］を選びます。
- アプリを再起動するか、システムを再起動します。従来できていたことが突然できなくなった場合は、たいていこれで対応できます。
- プリセットを初期設定へ戻します（手順は「2.6.5 オプションを管理する」を参照）。適宜保存していた場合は、1段階前のものへ戻します。
- 新しいプロジェクトを作り、古いプロジェクトからすべてのアイテムをコピーします（手順は「2.6.2 複数のプロジェクトを使う」を参照）。プロジェクトの設定を失ってアイテムのみを救出することになるので、これは最終手段です。

● 公式のサポート情報

公式のサポート情報は下記URLにあります。英語で長文のものも多いですが、最初に読むべき情報源です。

➡ 「Literature and Latte Support」(Literature & Latte)
https://scrivener.tenderapp.com/help/kb

● ユーザーフォーラム

公式サイトにはフォーラム（Web掲示板）があり、開発メンバーも頻繁に参加しています。ただし、開発およびサポートのチームに、日本語がわかるメンバーはおそらくいないものと推測されます。

➡ 「Literature & Latte Forums」(Literature & Latte)
https://forum.literatureandlatte.com

筆者が主催する「S2ファンサイト」では、日本語でScrivenerの情報を交換できる無料の会員制フォーラムを設けています。お名前はペンネームでかまいません。メールアドレスだけで参加できますので、興味のある方はご参加ください。フォーラムの説明は下記URLにあります。

➡ 「フォーラムについて」(S2ファンサイト)
https://s2.mukairyoji.com/guide/forum

Chapter

3

構想を練る

バインダーの基本的な使い方を把握できたので、
いったん戻って構想を練ることから始めましょう。
まだ作品にならない断片を書き留めたり、資料の
ファイルを読み込んだりと、企画立案向けの機能
も紹介します。

4つの表示形式とインスペクター

Scrivenerは単なるテキストエディターではなく、構想を練る段階で作ったアイテムを本文執筆まで生かせる統合アプリです。それをよく示すのが、複数ある表示形式と、インスペクターから操作する属性の扱いです。

1 4つの表示形式の概要

　エディターは「バインダーで選択したアイテムの内容を表示する領域」ですが、その表示形式には、前章で紹介した本文を表示する2種類のほかに、あと2つあります。改めて以下に整理します。

- ドキュメント表示……1つのアイテムの内容を表示します。
- 連結表示……選択したフォルダまたはファイルグループの下位にあるアイテム（テキスト）の内容を、連結して表示します。
- コルクボード表示……選択したフォルダまたはファイルグループの下位にあるアイテムの一覧を、コルクボードに貼りつけたカードのように表示します。
- アウトライン表示……選択したフォルダまたはファイルグループの下位にあるアイテムの一覧を、箇条書き形式（アウトライン）で表示します。階層も扱えます。

　切り替える手順は次項「3.1.2 表示形式の切り替え」で紹介するので、まずはそれぞれの違いに注目した上で、特徴を把握しましょう。

◉ ドキュメント表示／連結表示

　「ドキュメント表示」と「連結表示」は、どちらも本文をエディターで編集するためのものです。単一のテキストを扱うときは前者、複数のテキストをまとめて扱うときは後者を使います。

ドキュメント表示

連結表示

● コルクボード表示

　「コルクボード表示」は、選択したフォルダやファイルグループの直下にあるアイテムの一覧を、コルクボードに貼りつけたカードのように表示するものです。もしも名前に違和感があれば、「カード表示」と考えてもかまいません。

　漠然とした主題や大きな課題を検討するために、断片的な情報を「インデックスカード」や「情報カード」などと呼ばれる小さなカードに書き留めて整理する手法は広く知られていますが、Scrivenerのコルクボード表示はそれを模したものです。

　次の図は、前図と同じプロジェクトをコルクボード表示へ切り替えたものです。バインダーでフォルダを選んでいるので、その下位にあるアイテムがカードのような見た目で表示されています。

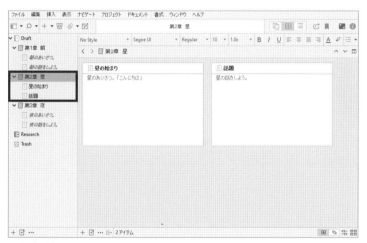

コルクボード表示

>
> **NOTE**
> 以後本書では、コルクボード表示で示されるアイテムをまとめて「カード」と呼ぶことにします。これはカードのように表示されているだけであって、その実体はバインダーで表示されているように、テキスト、フォルダ、ファイルグループのいずれかです。「カード」という別の種類のアイテムが作られるわけではありませんが、カードのように扱えることがこの表示の特徴ですので、意図的に呼び方を変えることにします。

● アウトライン表示

　「アウトライン表示」は、アイテムの一覧を箇条書きのように表示するものです。この点はバインダーと同じですが、各アイテムの多くの属性を一望できる点が特徴です。

　アウトラインもインデックスカードと同様に、多様な情報を書き留めて整理・検討する手法の1つです。パソコン上で行うと項目の移動や階層による表示の切り替えが簡単であるため、「Dynalist」や「Workflowy」など、専用のアプリも人気があります。

　次ページの図は、前図と同じプロジェクトをアウトライン表示へ切り替えたものです。「Draft」フォルダを選んでいるので、バインダーと同じアイテムが表示されていますが、エクスプローラーの「詳細」表示のようにいくつもの属性があわせて表示されています。

アウトライン表示

● 同じアイテムを異なる方法で表示・編集できる

コルクボード表示は同じ階層にあるアイテムを四方に多数並べるのが得意ですが、アウトライン表示は階層を超えて見通すのが得意です。

しかし、どの表示で作業を行っても、結局はプロジェクト内の同じアイテムを操作していることに注目してください。これはScrivenerを利用する上で重要な点です。

一般的な文書作成アプリでは、常に本文だけが表示されていました。見出しをアウトラインのように扱う機能はあっても、見出しでないひとまとまりを扱うのは難しいことが多いようです。

一方Scrivenerでは、同じアイテムに対して本文（ドキュメントと連結）／カード／アウトラインという3つの表示形式を、いつでも自由に切り替えられますし、どの表示形式で操作しても同じアイテムを操作することになります。このことが、本文の執筆だけでなく、構想作りと仕上げという執筆の前後の作業までをフォローし、それらの作業さえも自由な順序で行えるようにします。

2 表示形式の切り替え

表示形式を切り替える方法には、プルダウンメニュー、キーボードショートカット、ツールバーのボタンの3つの方法があります。手順を学びながら、表示形式の違いの理解をさらに深めましょう。

表示形式を切り替える方法

Ⓐ プルダウンメニューでの切り替え。［表示］のすぐ下にあります。

Ⓑ キーボードショートカットでの切り替え。本文の表示対象を単一／連結で切り替えるには、もう1度「Ctrl＋1」キーを押します。

Ⓒ ツールバーのボタンでの切り替え。本文の表示対象を単一／連結で切り替えるには、もう1度書類アイコンのボタンを押します。

● プルダウンメニューで切り替える

　プルダウンメニューで切り替えるには、[表示] → [ドキュメント] [Scrivenings] [コルクボード] [アウトライン] を使います。本文を表示するコマンドは、バインダーで選択しているアイテムに下位のアイテムがなければ [ドキュメント]、下位のアイテムがあれば [Scrivenings] のオン／オフになります。

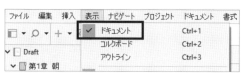

選択しているアイテムに、下位のアイテムがないとき（左）と、下位のアイテムがあるとき（右）のメニュー

● キーボードショートカットで切り替える

　キーボードショートカットで切り替えるには、「Ctrl＋1」「Ctrl＋2」「Ctrl＋3」をキー押します。
　ドキュメント表示と連結表示を切り替えるには、下位にアイテムがあることを確かめてから、「Ctrl＋1」キーを再度押します。下位にアイテムがなければ、そもそも連結表示は不可能ですので、エディターの表示も変わりません。

● ツールバーのボタンで切り替える

　ツールバーのボタンで切り替えるには、中央右隣にある3つのボタンを使います（次の図を参照）。「連結表示」ボタンはクリックするたびにオン／オフを切り替えます。状態を確認する目的でも使えます。

● まとめ

　4つある表示形式のうち、ドキュメント表示と連結表示は本文を扱うものです。そして、連結表示、コルクボード表示、アウトライン表示の3つは、複数のアイテムをまとめて扱うものです。そもそもコルクボード表示とアウトライン表示は、単一のアイテムを扱うものではありません。これらのことをまとめると、4つの表示形式の関係は次の図のようになります。

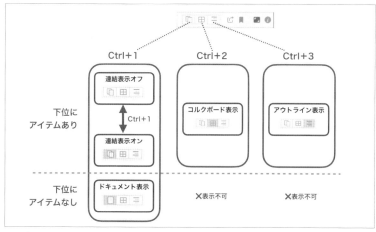

4つの表示形式の関係

操作の手順によっては、期待通りに表示されないことがあります。

本文を表示したい場合は、同じ操作をもう1度行ってください。ドキュメント表示と連結表示は、同じ操作で交互に切り替わります。

カードまたはアウトラインで表示したい場合は、バインダーでアイテムを選び直してから、もう1度表示形式を切り替えてください。もし下位に何もないアイテムを選んでいると、表示対象がないため何も表示できないからです。本来であればエラーメッセージを表示すべきですが、単に何も表示されないだけなので操作ミスに気づきにくいかもしれません（macOS版ではエラーメッセージが表示されます）。

ルールを紹介すると面倒に思えますが、結局のところ、表示形式の切り替えについては、次の2つのことだけ覚えておけば十分です。

- 表示形式には、本文、コルクボード、アウトラインの3つがあり、それぞれ「Ctrl＋1」「Ctrl＋2」「Ctrl＋3」キーで切り替えられる。
- 期待通りに表示されない場合は、目的のアイテムを確かめて、もう1度同じキーボードショートカットを押す。

3 インスペクターの概要

ここで、プロジェクトにあるアイテムの属性を扱うインスペクターについて、その基本的な操作手順を紹介します。個別の属性については随時紹介します。

◉ インスペクターは選択中のアイテムの属性を表示する

インスペクターは、いま選択しているアイテムが持つさまざまな属性（メタデータ）を表示・編集する領域です。属性の種類は多く、概要、セクションタイプ、ラベル、キーワードなどがあります。さらに、収めるデータの形式を自分で決められる「カスタムメタデータ」もあります。

インスペクターを操作するときは、いま選択しているアイテムがどれであるのか、よく確認してください。プロジェクト内のあちこちを操作していると、いま扱っているアイテムがどれであるのか、わからなくなることがあります。

次の図では、エディターではテキストが連結表示されています。このとき、現在選択しているアイテムとは、カーソルがあるテキストのことです。ほかのテキストの行をクリックすると、インスペクターで表示される対象も変わります。

選択中・執筆中のアイテムのメタデータがインスペクターに表示される

Ⓐ 現在選択しているアイテムを示す「ドキュメントインジケーター」が表示されています（初期設定では薄いグレー）。

Ⓑ 現在選択している場所であることを示すカーソルが表示されています。

Ⓒ インスペクターにもアイテムの名前が表示されます。ただし、設定していないときは空欄になります。仮の名前は表示されません。

Ⓓ 選択されているアイテムの属性が表示されています。図ではテキストの作成日時などです。

NOTE いま選択しているアイテムをバインダーで確かめるには、［ナビゲート］→［Reveal in Binder］を選びます（「2.5.4 編集中のアイテムをバインダーで表示する」を参照）。連結表示やクイックリファレンスを活用するようになったら、必要に応じて確認してください。

● 5つのタブと2つのメニュー

インスペクターは、上端にある5つのタブを使って切り替える領域と、下端にある2つのメニューから構成されます（一部のアイテムでは表示されないものもあります）。

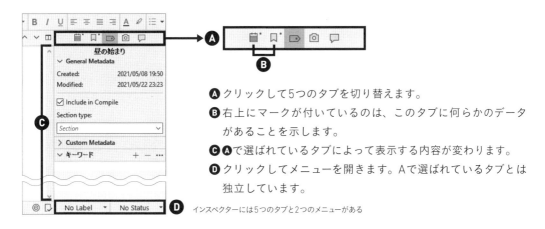

Ⓐ クリックして5つのタブを切り替えます。

Ⓑ 右上にマークが付いているのは、このタブに何らかのデータがあることを示します。

ⒸⒶ で選ばれているタブによって表示する内容が変わります。

Ⓓ クリックしてメニューを開きます。Aで選ばれているタブとは独立しています。

インスペクターには5つのタブと2つのメニューがある

なお、インスペクターのタブは［ナビゲート］→［Inspect］以下から選んで直接開くこともできます。キーボードショートカットで使う文字キーは、5つのタブと同じ順序で並んでいます。

5つのタブとキーボードショートカット

3-2 コルクボード表示で構想を練る

コルクボード表示を使って構想を練り、本文を書くまでの流れを紹介します。カードを使うと、テキストだけではできなかった方法が実現できます。作成したカードはそのまま本文を書くためのテキストにもなります。

1 本節の準備

前章ではすでに本文を書き始める段階まで進んだものと想定しましたが、本章ではその前の構想を練る段階、つまり、プロジェクトに何もない段階から始めます。

以後本書では、見出しを持たない短編小説の例として、童話「シンデレラ」を使います。「シンデレラ」の作者になったつもりで読み進めてください。

「シンデレラ」にはさまざまな版がありますが、本書では、大久保ゆう氏が訳されたアンドルー・ラング作のものを採用します。ライセンス条件は「クリエイティブ・コモンズ 表示 2.1 日本 ライセンス」で、青空文庫で公開されています。あらすじは誰もが知っていると思いますが、短いものですので改めて一読をおすすめします。

➡ アンドルー・ラング再話『シンデレラ ―ガラスのくつのものがたり―』(大久保ゆう 訳)
https://www.aozora.gr.jp/cards/001239/card46348.html
Scrivenerプロジェクトを筆者主催の「S2ファンサイト」で配布しています (https://s2.mukairyoji.com)。

2 カードに書く

一般的に実際のインデックスカードには、名前を書く欄が1～2行、もう少し詳しい内容を書く欄が数行あります。コルクボード表示のカードもほぼ同じです。プロジェクトの最初に用意されているテキスト（カード）を使って、アイデアを書き留めてみましょう。前章ではプロジェクトを作ってすぐに本文を書きましたが、ここでは表示を変えてアイデアから書き始めます。

● カードにアイデアを書き、本文へ書き進む流れ

カードにアイデアを書き留め、本文を執筆するまでの基本的な流れを紹介します。

STEP
01
「Blank」テンプレートを使って新しいプロジェクトを作ります。

STEP
02
バインダーの「Draft」フォルダをクリックします。もしも次ページの図のような表示にならなかったときは、「Ctrl＋2」キーを押してコルクボード表示へ切り替えます。
バインダーを見るとわかるように、「Draft」フォルダを選んだときに下位にあるアイテムは「Untitled

Document」という仮の名前を
持ったテキストであるはずです。
しかし、エディターに表示されて
いるカードは空白です。このよう
に、名前を付けていないアイテム
は、バインダーには仮の名前が表
示されますが、カードには表示さ
れず空白になります。

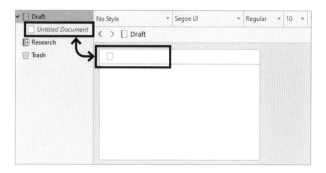

STEP
03
カードの仕切り線の上をダブルク
リックして名前を、下をダブルク
リックしておおまかな内容を書き、
「Return」キーを押して確定し
ます。

🅐 カードの「名前」欄：バインダーに表示されるものと同じです。バインダーとカードのどちらで書き換えても、
相互に反映されます。

🅑 カードの「概要」欄：一般には「シノプシス」「要約」「梗概」などとも呼ばれるもので、カードの内容を
短く端的に記述したものです。いずれにしても、本文ではない点に注意してください。

STEP
04
［ナビゲート］→［Inspect］→［ノー
ト］を選び、インスペクターの「ノー
ト」タブを表示します。あるいは、
ツールバー右端の「i」ボタンをク
リックし、インスペクターの「ノー
ト」タブをクリックしても同じです。
「概要」欄に、カードの「概要」
に書いたものと同じ内容が表示さ
れることに注目してください。両者
は同一のものなので、どちらで書
き換えても相互に反映されます。

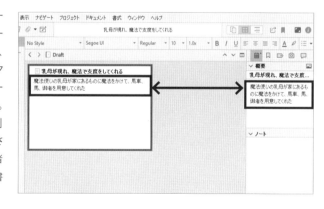

STEP
05
ドキュメント表示でこのカードを表示します。次のいずれかの手順を実行してください。

- バインダーでテキストをクリックしてから、ドキュメント表示になるまで「Ctrl＋1」キーを何度
か押す。
- エディターでカードをクリックしてから、ドキュメント表示になるまで「Ctrl＋1」キーを何度
か押す。
- カード左上のアイコンをダブルクリックする。

カードのアイコンをダブルクリックしてドキュメント表示へ切り替える方法は、すばやく確実に目的のテキスト
をドキュメント表示で開くことができるので、カードの枚数が増えたときに便利です。

「概要」欄の内容を確かめつつ、エディターに本文を書きます。このテキストで書くつもりだった内容を参照しながら本文を書けるので、最初のアイデアを忘れずに済みますし、本文を書いているうちにアイデアから離れるのを防ぐことができます。

　ここまでの流れでわかったように、「コルクボード表示で名前と概要を書いたカード」と、「ドキュメント表示で本文を書いたテキスト」は、実は同じアイテムです。言い換えると、同じアイテムの表示形式を変えて、本文を書いたり概要を書いたりしていたわけです。つまり、カードを作ってアイデアを書き留めると、そのまま新しい原稿用紙になるといえます。

　カードを追加してこの流れを繰り返していくことが、コルクボード表示を使った構想から執筆への流れの基本です。ただし、実際にはコルクボード表示を使わずに、ドキュメント表示でインスペクターの「概要」欄を使ってもかまいません。使いやすいと感じるほうを使ってください。

● 概要の中で改行する

　初期設定では、カードの記入中に、「名前」欄で「Return」キーを押すと「概要」欄へカーソルが移動し、「概要」欄で「Return」キーを押すと内容を確定します。「概要」欄の中で改行するには、「Ctrl＋Return」キーを押します。

　「概要」欄の入力中に「Return」キーで改行するには、[ファイル]→[Options...]を選び、「Behaviors」→「Return Key」カテゴリーを選び、「Return ends editing synopsis in corkboard and outliner views」《「Return」キーは、コルクボード表示とアウトライン表示で概要の編集を終了》オプションをオフにします。

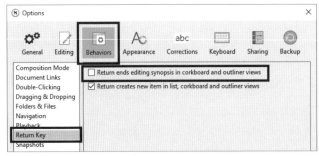

コルクボード表示の「概要」欄で、「Return」キーで改行する設定

NOTE インスペクターの「概要」欄では、このオプションの設定にかかわらず「Return」キーで改行できます。

● 概要がなく、本文がある場合

概要を書かずに本文を先に書いた場合は、本文の冒頭が「概要」欄にグレーで表示されます。バインダーではアイテムの名前を付けなかったときに本文の冒頭を「仮の名前」として表示しましたが、カードでは「仮の概要」として表示します。

本当の概要を書くには、通常通りに「概要」欄をダブルクリックして記入します。仮の概要は表示だけのものなので、無視してかまいません。

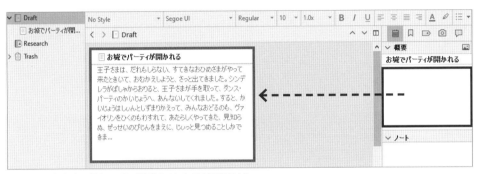

概要がなく、本文がある場合は、仮の概要として本文の冒頭を表示する

NOTE 「本文があり、概要がない」カードに概要を書くと、コルクボード表示では本文が表示されなくなってしまいます。本文を見ながら概要を書きたいときは、エディター画面を分割します（「4.1.3 エディター表示を分割する」を参照）。

COLUMN 構想作りは、たくさんのカードを作ることから始めよう

本文を書き始めた後でも、表示を切り替えればすぐにカードを使った構想作りと往復できる点にも注目してください。執筆の途中で「ここにアイデア（シーンやトピック）を足したい」と思ったら、カード表示へ切り替えて、「いろいろな魔法をかけてもらうシーン」「1日目のパーティのシーン」のように、範囲を限定してより細かい構想作りができます。

Scrivenerに対するよくある誤解の1つが、「書く前にすべての構成を作り込めるタイプでないと使えない」というものです。しかし実際には、あらかじめすべてのアイデアを出して設計図を組み立てる必要はありません。

執筆の途中で本文を見るのをやめて、コルクボード表示でアイデア出しへ戻ってもかまわないのです。

あるいは、試しに本文を書いてみた後で、このシーンで書きたいことがはっきりしたという場合もあるでしょう。その場合は、ここで紹介した流れの逆で、本文を書いてから概要を書き、あらためて本文を書き直してもよいでしょう。

むしろScrivenerの活用で重要なのは、何を1つのアイテム（カード）とするかという区切りでしょう。1つのカードにアイデアを詰めこみすぎると、そこで書きたかったことがぼやけてしまう場合があります。とはいえ、実物のカードでは手間のかかる複製や統合もコマンド1つでできるので、書く前に悩むのではなく、書きながら自分の執筆スタイルを探すことをおすすめします。

3 カードを追加する

カードを追加するには、コルクボード表示で、次のいずれかの操作を行います。

カードを追加するさまざまな操作

Ⓐ ツールバーの「＋」ボタンをクリックします。

Ⓑ ［プロジェクト］→［新規テキスト］を選びます。キーボードショートカットは「Ctrl＋N」キー。

Ⓒ カード自体を選んだ状態で「Return」キーを押します。

Ⓓ エディターの下端にある「＋」ボタンをクリックします。

ほとんどの操作はドキュメント表示や連結表示と同じですが、Ⓐ～Ⓒは、いずれかのカード自体が選ばれている（カードの中にカーソルが表示されていない）か、バインダーやインスペクターが選ばれていない状態で行う必要があります。そうでない場合はカードの追加ではなくテキストの追加となり、ドキュメント表示へ切り替わります。

プロジェクトウィンドウは表示される情報が多いので、いま選択している対象に注意してください。あるいは、最も確実な**D**の手順をおすすめします。

● 速やかに追加・入力する流れ

　発想法の中には、一定時間内にできるかぎり大量のアイデアを書き出すというものがあります。コルクボード表示を使うときに、スピードを重視してカードを速やかに作成するには、キーボードに集中して次のように操作するとよいでしょう。

　　①「**Ctrl+N**」キーでカードを作成します。すぐにカードの名前を入力できる状態になります。
　　②カードの名前を入力します。
　　③続けて概要を入力するには「**Tab**」キーを、概要を入力せずに次のカードを作るには「**Ctrl+N**」キーを押します。
　　④概要を入力してから、①へ戻ります。

　あるいは、「Return」キーの操作を好む方は、カードへの入力を始めたらすべて「Return」キーで行うこともできます。「名前欄から概要欄へ移る」「内容を確定する」「(カードの内容が確定している状態で) 次のカードを作成する」操作は、すべて「Return」キーで行えます。

　なお、「概要」欄から同じカードの「名前」欄へ戻ったり、「名前」欄から前のカードの「概要」欄へ戻るには、「Shift＋Tab」キーを押します。作成済みのカードを次々と見直していくときに便利です。

　カードの名前と概要は、どちらも必須ではありません。名前だけのカードや、概要だけのカードがあっても問題ありません。スピードを重視するときは、適宜工夫してください。

● ダブルクリックでカードを作る

　コルクボードの何もないところをダブルクリックしたときに、新しいカードを作るようにカスタマイズできます。これには、［ファイル］→［Options...］を選び、「Behaviors」→「Double-Clicking」カテゴリーを選び、「Empty space double-click will」《空の領域をダブルクリックすると》の設定を「Create a new card」《新しいカードを作成》へ変更します。

ダブルクリックでカードを作る設定

●「Return」キーでカードを作らない

　うっかり余計に「Return」キーを押してしまいがちなときは、新しいカードを作らないようにカスタマイズできます。これには、［ファイル］→［Options...］を選び、「Behaviors」→「Return Key」カテゴリーを選び、「Return creates new item in list, corkboard and outliner views」《「Return」キーを押すと、リストなどで新しいアイテムを作成》オプションをオフにします。

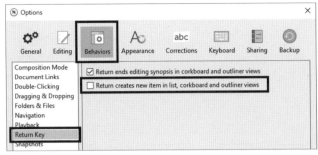

「Return」キーでカードを作らない設定

NOTE ［プロジェクト］→［新規フォルダ］を選んで新しいフォルダを作ることもできます。フォルダやファイルグループは、カードが重なったデザインになります。

4 カードを複製・削除する

コルクボード表示でカードを複製または削除する方法は、バインダーでのものと同じです。

すなわち、複製するには、目的のカードをクリックしてから、［ドキュメント］→［複製］→［with Subdocuments and Unique Title］または［without Subdocuments］を選びます。2つのコマンドの違いについては「2.2.9 アイテムを複製する」を参照してください。

削除するには、目的のカードをクリックしてから、［ドキュメント］→［ゴミ箱に移動］を選ぶ、またはツールバーのごみ箱アイコンのボタンをクリックする、などの方法があります。

5 カードを移動する

初期設定では、コルクボード表示でのカードの並び順は、「左から右、上から下」へ向かって整列します。横書きの文章と同じです。この順序はバインダーのものと同じで、順序を入れ替えると相互に反映されます。

コルクボードでカードの順序を入れ替えるには、カードをドラッグ＆ドロップします。移動先を示す線を目印にして、カードの間へ割り込ませるように操作するとうまくいきます。バインダーにもすぐ反映される点に注目してください。

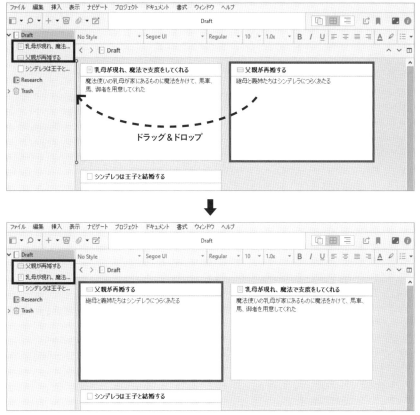

カードの順序はドラッグ＆ドロップで入れ替える

　複数のカードを選んでから操作すると、まとめて移動できます。複数のカードを選ぶには、バインダー
と同様に、［Shift］または［Ctrl］キーを使います（「2.2.7 複数のアイテムを選択する」を参照）。

> **NOTE**　コルクボード表示では、カードを重ねてフォルダの中へ入れるような操作ができません。カードをフォルダへ
> 重ねてその下位へ移動するなど、階層を扱うためには環境設定を変更する必要があります（「3.2.10 コル
> クボード表示で階層を移動する」を参照）。

6 カードをカスタマイズする

　カードのサイズや、整列表示での間隔などをカスタマイズできます。これには、エディターの下端に
あるボタンをクリックしてウィンドウを開きます。ここでの設定はプロジェクトごとに反映します。

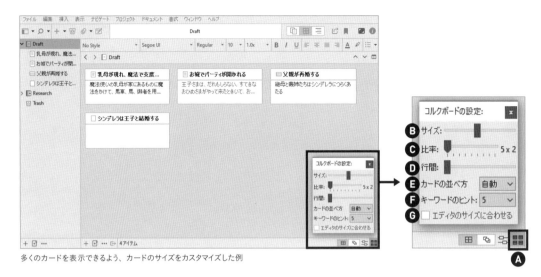

多くのカードを表示できるよう、カードのサイズをカスタマイズした例

🅐「コルクボードの設定」：カードをカスタマイズするウィンドウを開きます。

🅑「サイズ」：カードのサイズを指定します。

🅒「比率」：カードの縦横比を指定します。実物のカードになじみがあれば、そのサイズに合わせるのもよいでしょう。

🅓「行間」：隣り合ったカードの間隔を指定します。概要の行間のことではありません。

🅔「カードの並べ方」：🅖がオンのとき、1行に並べる数を指定します。

🅕「キーワードのヒント」：キーワードについては「5.5.4 キーワードで分類する」を参照してください。

🅖「エディタのサイズに合わせる」：🅔が「自動」以外のときにオンにできます。オンにすると🅑が無効になり、ウィンドウサイズに応じて自動的にカードのサイズが変わります。カードのサイズを固定したいときはオフにしてください。

7 カードを自由な位置へ配置する

　これまで、カードの順番はバインダーと同じに整列していましたが、バインダーでの順序にかかわらず、ドラッグして自由な位置に置くことができる「フリーフォーム」へ切り替えられます。元の整列状態へ戻してもフリーフォームでの位置は保存されるため、両者を併用できます。フリーフォームでの順序をバインダーへ反映することもできます。

● フリーフォームと切り替える

　基本の整列表示からフリーフォームへ切り替える手順は、次の図のとおりです。

ドラッグでカードを自由な位置へ配置できる「フリーフォーム」

🅐 [表示]→[コルクボードのオプション]→[可変]を選びます。もう1度選ぶと整列状態へ戻ります。

🅑 エディター下端右側の「Freeform」ボタンをクリックします。左隣のボタンをクリックすると整列状態へ戻ります。

COLUMN フリーフォームをスクリーンショットで保存する

　フリーフォームを使って、異なる状態でカードを配置した状態を保存するには、スクリーンショットを取る方法があります。実物のインデックスカードを使った手法でも、ある時点の状態を記録するために写真を撮ることがありますが、それと同じです。

　「Alt＋Print Screen」キーを押すと、アクティブなウィンドウのスクリーンショットをクリップボードへ保存できます。その状態で、Scrivenerでいずれかのテキストにペーストすると、挿絵と同じ状態で画像を保存できます。覚え書きもあわせて記入するとよいでしょう。

　ほかにも、いずれのプロジェクトにも属さない断片を保存する「スクラッチパッド」を使うと、スクリーンショットを撮影して記録できます（「3.4 断片を書き留めるスクラッチパッド」を参照）。

◉ グリッドに揃える

　フリーフォームを使っても、カードを格子（グリッド）に揃えて配置することができます。これには、[表示]→[コルクボードのオプション]→[Snap To Grid]を選びます。このオプションをオンにするとグリッドが表示され、以後カードを移動すると、左上が自動的にグリッドに揃えられます。この機能をオフにするには、同じメニューをもう1度選びます。

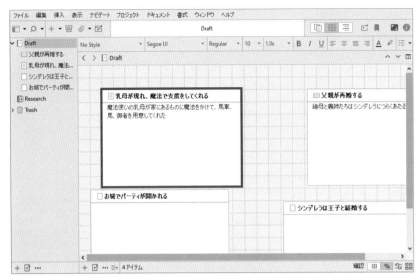

カードをグリッドに揃える

　グリッドの間隔を変更するには、[ファイル]→[Options...]を選び、「Appearance」→「Corkboard」→「Options」カテゴリーを選び、「Freeform grid size」の値を変更します。左の値は幅、右の値は高さの設定です。

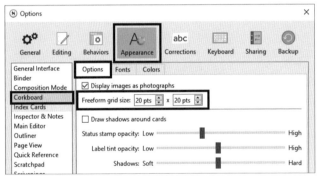

フリーフォームのグリッドの間隔を変更する

◉ フリーフォームでの順序をバインダーへ反映する

　フリーフォームでカードを移動してもバインダーでの順序は変わりませんが、最終的には直線的に進行する文章作品に仕上げる必要があるので、いずれかのタイミングでカードの順序を整理する必要があります。これには、2つの方法があります。

　1つは、フリーフォームを見ながら、バインダーを使って手作業で並べ替える方法です。フリーフォームを使っている間にバインダーでアイテムの順序を変えても位置に影響しません。1つずつ、確実に並べ替えたいときによいでしょう。フリーフォームでの配置は目次とはあえて別にしておきたい場合などに適しています。

もう1つは、必要なタイミングでコマンドを実行し、ルールに従ってフリーフォームの順序をバインダー
へ反映させる方法です。これには、［表示］→［コルクボードのオプション］→［カードの並びをバインダー
に反映する（可変）］を選びます。このとき、初期設定では「上から下、左から右」へ向かって、つまり、
横書きの文章を書くときと同じ流れで、順序が反映されます。

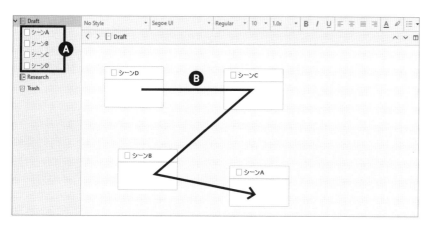

▼［カードの並びをバインダーに反映する（可変）］

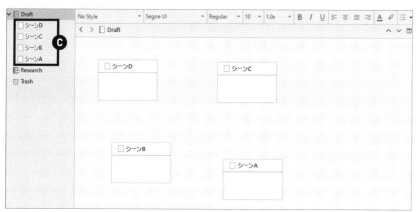

カードの位置は変わらないが、バインダーの順序に反映される

Ⓐ バインダーでは「ABCD」の順に並んでいます。

Ⓑ コルクボードでは「DCBA」の順に並んでいます（「上から下、左から右」の流れの場合）。

Ⓒ バインダーでの並び順が「DCBA」に変わりました。

　順序を判定する方向を変えるには、エディターの右下にある「確認」の文字をクリックし、起点と、
次に判定する方向を選びます。たとえば、［下］→［右から左へ］を選ぶと、前図は「ABCD」の順になり
ます。メニューを選ぶと確認なしにすぐに実行されるので、テスト用のプロジェクトで試してから利用
してください。

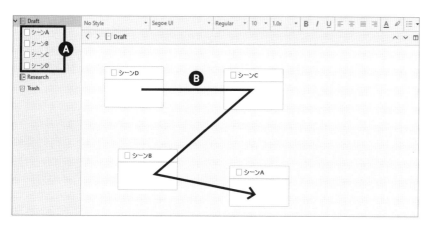
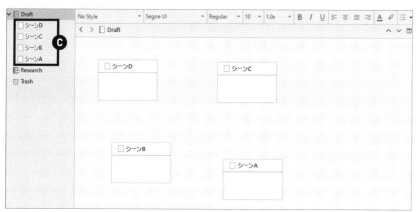

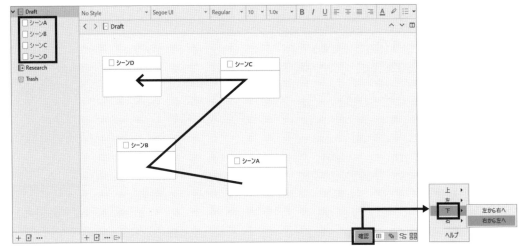

並び順の起点と方向は指定できる

1度の操作で完全に期待通りに反映させるにはフリーフォームでの位置関係に配慮する必要があるので、かえって操作が面倒な面もあります。慣れないうちは、カードの枚数が少ないフォルダや、あとでまた修正すればよいと割り切れる場合などから使い始めるのがよいでしょう。

8 カードに画像を入れる

　カードの「概要」属性は、文章だけでなく画像を登録して、コルクボードで表示することができます。1つのカードの「概要」に対して文章と画像の両方を登録できますが、1度に画面で表示できるのはどちらかだけです。また、文章と画像のどちらを表示するかの切り替えは、アイテム1点ずつ、手動で行います。1つのカードに登録できる画像は1点だけです。

　「概要」属性に画像を登録するには、目的のカードのインスペクターにある「概要」欄を、画像を表示するように切り替えます。

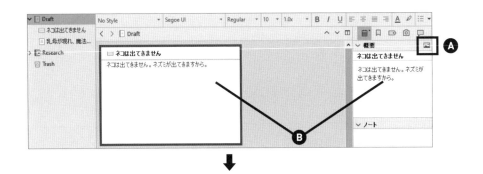

「概要」属性は文章と画像の両方を切り替えて登録・表示できる

Ⓐ クリックするたびに文章と画像の表示を切り替えます。
Ⓑ カードとインスペクターの両方に「概要」属性の文章が表示されています。

　画像を登録するには、「Drop an image here.」《ここへ画像をドロップ》と表示されている領域へ、エクスプローラーから画像ファイルをドラッグ＆ドロップします。画像の登録と表示の操作は、インスペクターの「概要」欄だけで行えるので、コルクボード以外の表示で行ってもかまいません。

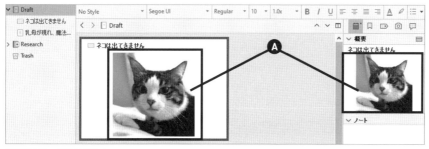

「概要」属性に画像を登録した

Ⓐ カードとインスペクターの両方に「概要」属性の画像が表示されています。

　別の画像と差し替えるには、再度登録します。確認なしに上書きされるので注意してください。
　登録した画像を削除するには、「概要」欄に表示されている画像を右クリックして、表示されるメニューから [画像をクリア] を選びます。

NOTE　1つのカードに文章と画像の両方を登録することは可能ですが、避けることをおすすめします。表示を切り替えなければ、もう一方も登録されていることはわからないからです。文章には「ノート」など別の属性を使うなどするのがよいでしょう。

9 カードに連番を表示する

バインダーに並べた順序で、カードに自動的に連番を表示できます。これには、[表示]→[コルクボードのオプション]→[Card Numbers] オプションをオンにします。カードの順序を入れ替えると、自動的に番号も変わります。

カードに連番を表示できる

　番号に反映されるのはバインダーでの順序です。フリーフォーム表示での位置はバインダーでの順序とは関係ないので、コルクボードで移動しても反映されません。

　なお、この機能で表示される番号は、コルクボード表示の画面に表示されるだけであり、実際のカードの名前にはなりません。よって、バインダーや原稿にも反映されないので、章節項の番号をつけるような目的では使えません。そのような目的には「プレースホルダータグ」を使います（「6.3.5 章の番号や連載の話数を自動的に振る」を参照）。

10 コルクボード表示で階層を扱う

　コルクボード表示でも、表示する階層を移動したり、カードをフォルダの中へ移動するなどの、階層を扱う操作ができます。実際のインデックスカードを使った手法でも、クリップや輪ゴムなどを使って複数のカードをグループ化することがありますが、それに似た操作が可能になります。

　ここでは、できるだけカードのドラッグ＆ドロップやキーボードショートカットを使って階層を操作する方法を紹介します。ただし、機能によっては環境設定を変える必要があります。

● 複数のカードをフォルダでまとめる

　新しいフォルダを作って複数のカードをまとめるには、目的のカードを選択し、右クリックして表示されるメニューから [New Folder From Selection]《選択項目から新規フォルダ》を選びます。実物のカードで、複数のカードをクリップで留めるつもりで使うとよいでしょう。

[New Folder From Selection] を選択して複数のカードを新しいフォルダへまとめる

◉ 表示する階層を移動する

　フォルダを開いて下位の階層へ移動するには、目的のカードのアイコンをダブルクリックします。この手順が使えるのはフォルダだけです。テキストまたはファイルグループのカードのアイコンをダブルクリックすると、本文を編集するドキュメント表示へ切り替わります。

　逆に、上位の階層へ移動するには、エディターの中の、カードがない領域をダブルクリックします。または、[ナビゲート]→[Go To]→[グループを閉じる]《Enclosing Group》を選びます。キーボードショートカットは「Win＋Ctrl＋R」キーです。

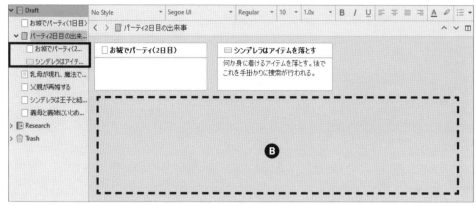
コルクボード表示のまま階層を移動する

Ⓐ フォルダのアイコンをダブルクリックして、その下位へ移動します。

Ⓑ 何もない領域をダブルクリックして上位へ移動します。

　ただし、ダブルクリックでの動作をカスタマイズしていると、動作が異なることがあります。確認するには、［ファイル］→［Options...］を選び、「Behaviors」→「Double-Clicking」カテゴリーを選び、「Empty space double-click will」の設定を確かめます。初期設定は「Open the parent corkboard」《親のコルクボードを開く》ですが、「Do Nothing」《何もしない》、または「Create a new card」《新しいカードを作成》を選べます。

● ドラッグ＆ドロップでカードを下位へ移動する

　あるカードを別のカードへドラッグ＆ドロップで重ねたときに、下位の階層へ移動することができます。これはちょうど、エクスプローラーでファイルをフォルダへ入れるのと同じ操作です。

　この操作を行うには、アプリの設定を変更する必要があります。これには、［ファイル］→［Options...］を選び、「Behaviors」→「Dragging & Dropping」カテゴリーを選び、「Allow drop ons in corkboard」《コルクボードでドロップオンを許可》オプションをオンにします。

ドラッグ＆ドロップでカードを下位の階層へ移動できるようにする設定

　このとき、ドロップした先がフォルダであればフォルダの下位へ移動しますが、ドロップした先がフォルダでなければファイルグループを作ります。

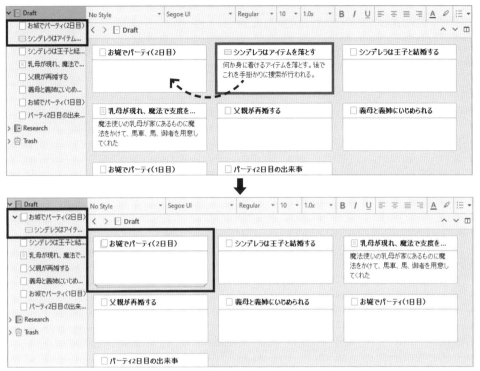

テキストをテキストへドラッグ＆ドロップすると、ファイルグループになる

　なお、フォルダとファイルグループを相互に変換するには、目的のアイテムを右クリックしてメニューを開き、［ファイルに変換］または［フォルダに変換］を選びます。

● フォルダやファイルグループを解体する

　すでに下位にアイテムを収めているフォルダやファイルグループを、通常のカード（テキスト）へ変換し、直下にあったアイテムを現在の階層へ移動できます。これには、目的のフォルダまたはファイルグループを選び、［ドキュメント］→［グループ解除］を選びます。

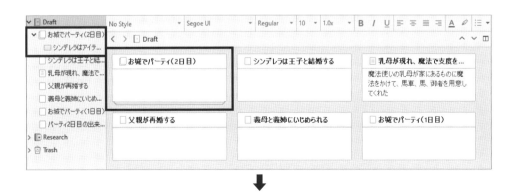

フォルダやファイルグループを解体する

　なお、現在の階層へ移動するのは、直下にあったアイテムのみです。さらに下位にあるアイテムは変更されません。

◉ 下位にあるアイテムをすべて並べて表示する

　階層を無視して、現在選択しているアイテムより下位にあるすべてのカードを水平に並べて表示できます。これには、［ナビゲート］→［Open］→［With All Subdocuments as Flat List］→［エディタのコルクボード］を選びます。次の図はこれを実行したところです。バインダーと見比べてください。

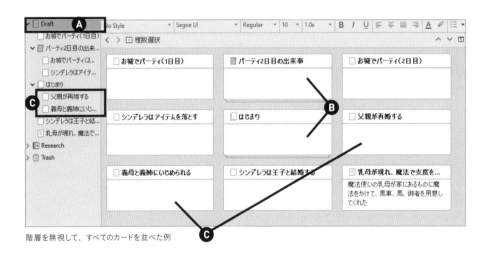
階層を無視して、すべてのカードを並べた例

　🅐「Draft」フォルダが選ばれています。
　🅑 フォルダやファイルグループは、カードを重ねたデザインのまま並べられます。
　🅒「Draft」フォルダ直下よりもさらに下位にあるカードも表示されます。

　この設定は、何らかの方法で別の場所へ移動すると、自動的に解除されます。また、この表示のままカードの内容を書き換えることはできますが、位置や階層を操作することはできません。

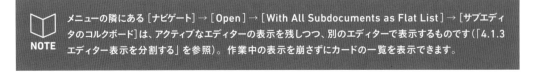
NOTE　メニューの隣にある［ナビゲート］→［Open］→［With All Subdocuments as Flat List］→［サブエディタのコルクボード］は、アクティブなエディターの表示を残しつつ、別のエディターで表示するものです（「4.1.3 エディター表示を分割する」を参照）。作業中の表示を崩さずにカードの一覧を表示できます。

COLUMN Scrivenerをカード専用アプリとして使う

コルクボード表示だけで階層を操作・移動できるようになると、バインダーを使う必要がなくなるので、隠してしまってもかまいません。バインダーの表示／非表示を切り替えるには［表示］→［バインダー］を選びます。

バインダーがないと不安に思うかもしれませんが、エディターの左下にある「…」ボタン、または、カードを右クリックすると現れるメニューを使えば、ほとんどの操作は行えます。

さらに、プロジェクトウィンドウに表示する要素の組み合わせは、「レイアウト」として保存できますし、典型的なものはあらかじめ用意されています（「4.5.4 プロジェクトウィンドウ内の配置を保存する」を参照）。次の図は、［ウィンドウ］→［レイアウト］→［Corkboard Only］を選び、カードに関係しない表示をすべて隠した例です。初期設定のレイアウトへ戻すには、同じメニューにある［Default］を選びます。

「Corkboard Only」レイアウトを使ってカードの作成に集中する

11 コルクボード表示とカードをカスタマイズする

コルクボードの背景やカードのデザインをカスタマイズできます。これには、［ファイル］→［Options...］を選び、「Appearance」→「Corkboard」および「Index Cards」カテゴリーで設定します。ここでは、注目すべき項目のみ紹介します。

● コルクボードの背景を変える

コルクボードの背景色を変えたり、画像を貼り込むことができます。これには、「Appearance」→「Corkboard」→「Colors」カテゴリーで設定します。タブの名前は「Colors」ですが、画像も設定できます。

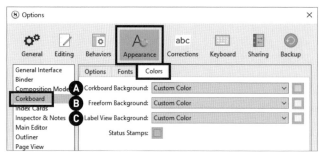

コルクボードの背景を変える設定

Ⓐ「Corkboard Background」：通常（フリーフォームでない）表示の背景を設定します。

Ⓑ「Freeform Background」：フリーフォームで使う背景を設定します。

Ⓒ「Lavel View Background」：「ラベル表示」で使う背景を設定します（「5.5.2 ラベルで分類する」を参照）。

3つある設定項目は、統一しても、背景で見分けが付くようにそれぞれ異なるものを指定してもかまいません。設定できる内容は同じです。「Corkboard Pattern」はコルクボードの写真、「Beige Graph Paper」はベージュの方眼紙、「Custom Color」は任意の単色を指定します。また、「Custom Background...」を選ぶと、任意の画像を背景に設定できます。

次の図は、「Corkboard Pattern」と、自分で用意したミニトマトの写真を指定したところです。小さい画像を使うと、図のようにタイル状に繰り返されます。

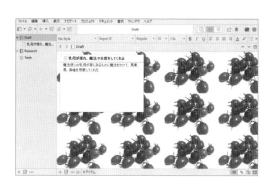

コルクボードの背景を変えた例

NOTE

大きな1つの画像を使うときは、ディスプレイのサイズと設定を考慮してください。ウィンドウサイズに合わせて縮小／拡大する機能はないので、大きな画像を使うときはあらかじめ縮小する必要があります。また、Windowsの「設定」アプリの「システム」→「ディスプレイ」→「拡大縮小とレイアウト」にある表示スケールの設定にも影響されます。元の画像は別に保存しておき、サイズを変えながら何度か試し、ちょうどよいサイズを探るのがよいでしょう。

◉ カードの形を変える

カードの形状を変えるには、「Index Cards」→「Options」カテゴリーで設定します。

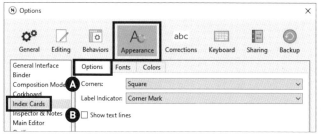

カードの形状を変える設定

Ⓐ「Corners」《四隅》：「Square」《直角》と、「Rounded」《角丸》を選べます。
Ⓑ「Show text lines」：「概要」欄に罫線を表示します。

四隅を「Rounded」、「Show text lines」をオンにした例

◉ 名前と概要のフォントを変える

カードの名前と概要のフォントを変えるには、「Index Cards」→「Fonts」カテゴリーで設定します。

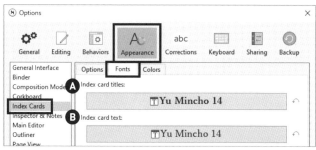

カードのフォントを変える設定

Ⓐ「Index card titles」《カードの名前》：カードの「名前」欄に使うフォントを設定します。
Ⓑ「Index card text」《カードのテキスト》：カードの「概要」欄に使うフォントを設定します。

次の図は、明朝体を設定し、初期設定の10ポイントよりも大きく設定した例です。「Options」カテゴリーにある「Show text lines」をオンにすると、行間の高さはフォントサイズに従って変わるようです。

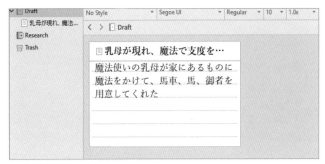

カードで使用するフォントを変えた例

● カードで使う色を変える

　カードで使う色を変えるには、「Index Cards」→「Colors」カテゴリーで設定します。

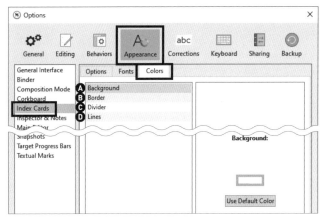

カードで使う色を変える設定

Ⓐ「Bakcground」：背景（カード全体）の色を指定します。
Ⓑ「Border」：カードの枠（フチ）の色を指定します。
Ⓒ「Divider」：「名前」欄と「概要」欄の仕切り線の色を指定します。
Ⓓ「Lines」：「概要」欄の罫線の色を指定します。

3-3 アウトライン表示で構想を練る

アウトライン表示を使って作品の構想を練る方法を紹介します。この方法はバインダーに似て階層構造が扱いやすく、各アイテムのさまざまな属性を見通しやすい点が特長です。

1 アウトライン表示の概要

アウトライン表示の基本的な操作方法はバインダーと同じです。たとえば、アイテムを追加するには[プロジェクト]→[新規テキスト]を選び、順序や階層を入れ替えるにはドラッグ＆ドロップします。

表示領域の左下にあるボタンはバインダーの下端にあるものとほとんど同じですので、バインダーは隠してもかまいません。フォルダの開閉の状態は、バインダーとは連動しません。

エディターの上端にある見出しの行は、エクスプローラーの詳細表示の見出しと似た機能を持っています。エクスプローラーでは、ファイルの名前順や作成日順、あるいはその逆順などを指定して並べ替えることができます。Scrivenerのバインダーは手作業で並べることが原則ですが、アウトライン表示ではたとえばアイテムの名前順や、文字数順などで並べ替えることができます。

バインダーと似て非なるアウトライン表示

2 アイテムを並べ替える

バインダーでの実際の順序とは関係なく、アウトライン表示での順序を並べ替えられます。これには、見出しの行でクリックします。クリックするたびに、昇順／降順／並べ替えなし（バインダーと同じ）を切り替えます。次の図はタイトルで並べ替えたところです。バインダーと見比べてください。

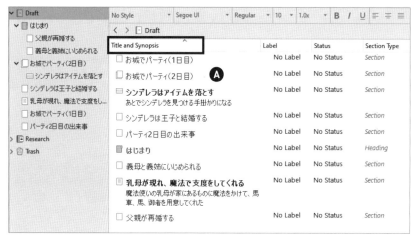

見出しをクリックすると、見出しの項目で並べ替え

Ⓐ「Title and Synopsis」をクリックして、アイテムの名前で並べ替えています。

3 表示する属性のカスタマイズ

　アウトライン表示では、各アイテムが持つさまざまな属性のうち、画面に表示するものを選べます。これには、［表示］→［Outliner Options］以下のメニューから、表示したい属性をオンにします。または、アウトライン表示の見出し行の右端にある「＞」マークをクリックして開いたメニューから操作しても同じです。次の図は、各アイテムの更新日時を表示し、見出し行をクリックして更新日時で並べ替えています。

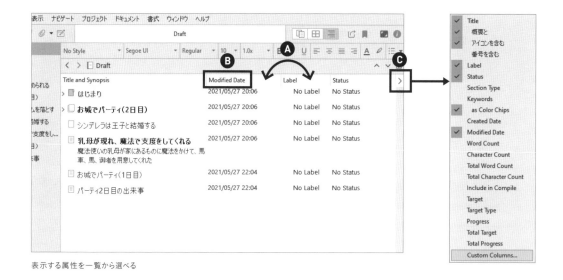

表示する属性を一覧から選べる

Ⓐ 左右へドラッグして入れ替えられます。

Ⓑ クリックして、この属性で表示を並べ替えます。

Ⓒ クリックして、表示したい属性をオンにします。

　設定できる属性にはまだ紹介していないものが多数ありますが、アイテムの名前に添えて表示するものを以下に紹介します。

- 「概要と」……アイテムの名前に概要を添えて表示します。
- 「アイコンを含む」……アイテムの名前にアイコンを添えて表示します。
- 「番号を含む」……アイテムの名前に番号を添えて表示します。表示するだけなので、実際のアイテムの名前には反映されません。

　表示の2〜4段目（「概要と」「アイコンを含む」「番号を含む」の3つ）がインデントしているのは、1段目の「Title」のサブオプションであることを示しています。

NOTE　アイテムを階層構造で表示するだけならバインダーと同じですが、任意の属性をあわせて表示したり、それを使って並べ替え（ソート）できることこそがアウトライン表示の特徴です。雑多な要素を取りまとめるためにExcelのような表計算アプリを使い、行を並べ替えて検討する手法がありますが、アウトライン表示はそれに似た役割も持っているといえます。

3-4 断片を書き留める スクラッチパッド

まだいずれのプロジェクトにも収められない断片を書き留める機能に「スクラッチパッド」があります。
実体は単純ですので、ほかのアプリで書き留めてScrivenerへと送り出す機能としても活用できます。

1 スクラッチパッドとは

　ここまで本書では個別のプロジェクトに関係する使い方を紹介してきましたが、いずれのプロジェクトにも属さない断片を蓄えておく機能があります。それが「スクラッチパッド」です。

　スクラッチパッドの内容は、あとから任意のプロジェクトへコピーできます。まだプロジェクトを始めていないアイデアや、どのプロジェクトへ入れるか決められない断片などを書き留める用途に向いています。

　実体は単純な仕組みなので、執筆スタイルに合わせて、他のアプリやサービスとの組み合わせも工夫してください。

NOTE このような目的であればScrivenerを使わずに、DynalistやOneNoteなどのサービスを使う方法もありますが、スクラッチパッドへ登録すると、特定のプロジェクトへ速やかにコピーできる、Scrivenerで集中管理できるというメリットがあります。

● スクラッチパッドを開く

　スクラッチパッドを開くには、[ウィンドウ] → [Scratchpad] を選びます。[ウィンドウ] メニューにある点に注意してください。このコマンドのキーボードショートカットは「Alt + Shift + Return」キーで、Scrivenerが起動していれば、バックグラウンドにあっても機能します。

　スクラッチパッドには、複数の断片を登録できます。個々の断片を「ノート」と呼び、文章と複数の画像を混在して保存できます。ノートの実体は通常のRTFファイルです。

スクラッチパッド

Ⓐ 仕切り線より上は、登録したノートの名前の一覧です。選択して内容を見るにはクリック、名前を書き換えるにはダブルクリックします。

Ⓑ 仕切り線より下は、選択されたノートの内容を表示・編集する領域です。文章と画像は混在できます。

Ⓒ 新しいノートを作ります。

Ⓓ 選択しているノートを削除します。

Ⓔ いま選択しているノートにスクリーンショットを追加保存します。上書きではないので、既存の内容は維持されます。

Ⓕ 選択したノートをコピーする先のプロジェクトを指定します。指定方法は本節中で紹介します。

2 プロジェクトへコピーする

スクラッチパッドに書いたノートを、新しいアイテムとして、または、すでにあるテキストの本文として、特定のプロジェクトへコピーできます。これには、前図Ⓕのメニューを開き、「コピーする方法」と「コピー先のプロジェクトと場所」を指定します。

［テキストを追加］を選ぶと、指定したアイテムの末尾の本文へ追加します。

［Import as Subdocument of］《…のサブドキュメントとしてインポート》を選ぶと、既存のアイテムの下位へ新しいアイテムとして追加します。スクラッチパッドのノートでの名前は、そのまま新しいアイテムの名前になります。

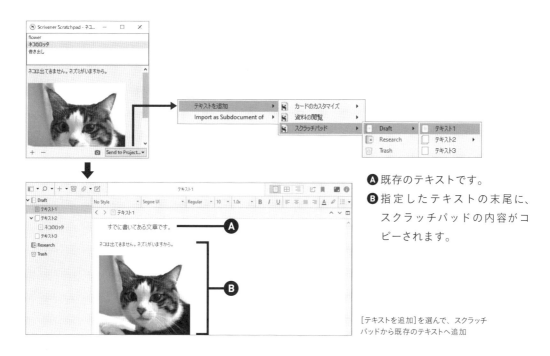

Ⓐ 既存のテキストです。

Ⓑ 指定したテキストの末尾に、スクラッチパッドの内容がコピーされます。

［テキストを追加］を選んで、スクラッチパッドから既存のテキストへ追加

NOTE スクラッチパッドで書式が設定されていると、コピーした先のプロジェクトでもそのまま使われます。とくに[テキストを追加]を使うと、1つのアイテムの中で書式が混在する原因になります（図でも🅐と🅑のフォントが異なっています）。この場合に書式を削除する方法は「4.4.6 書式を元へ戻す」で紹介します。

3 スクラッチパッドのカスタマイズ

スクラッチパッドのカスタマイズを行うには、[ファイル]→[Options...]を選び、「General」→「Scratchpad」カテゴリーを選びます。

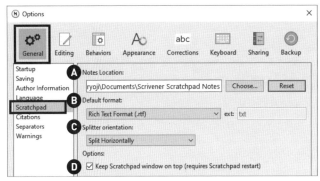

スクラッチパッドのカスタマイズ

🅐「Notes Location」《ノートの場所》：スクラッチパッドのデータを保存するフォルダを指定します。最初にスクラッチパッドのウィンドウを開いたときに作られます。

🅑「Default format」《初期設定のフォーマット》：RTFまたはプレーンテキストを選びます。スクラッチパッドのウィンドウから新しいノートを作ると、この指定に従います。

🅒「Splitter orientation」《仕切り線の方向》：「Split Horizontally」《横方向に分割》と「Split Vertically」《縦方向に分割》を切り替えられます。Scrivenerのウィンドウは「左側にカテゴリー、右側に内容」の画面構成が多いので、後者のほうがなじみやすいかもしれません。

🅓「Options：Keep Scratchpad window on top」《スクラッチパッドのウィンドウを前面に維持》：ほかのウィンドウの背面にならないよう、常に前面に配置します。

Scrivenerの機能を使ってスクラッチパッドにノートを作ると、図の🅐で指定したフォルダに、🅑で指定した形式のファイルで保存します。

● スクラッチパッドの配色のカスタマイズ

スクラッチパッドの配色をカスタマイズするには、[ファイル]→[Options...]を選び、「Appearance」→「Scratchpad」カテゴリーを選びます。

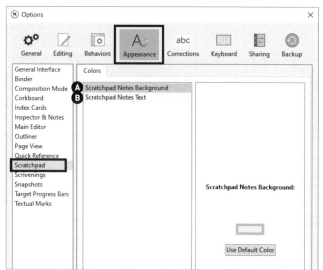

スクラッチパッドの配色のカスタマイズ

Ⓐ「Scratchpad Notes Background」：
ノートの背景色を選びます。
Ⓑ「Scratchpad Notes Text」：ノートの文字色を選びます。

COLUMN スクラッチパッドのノートはほかのアプリに作らせる

　スクラッチパッドには大きな問題があります。いずれかのプロジェクトを開いていないと、スクラッチパッドも開けないのです（macOS版ではプロジェクトを開かずにアプリを起動したり、スクラッチパッドを開けます）。

　一方、スクラッチパッドの実体は、カスタマイズ画面の「Notes Location」で指定したフォルダに収めたRTFまたはプレーンテキストの集まりです。つまり、指定したフォルダにRTFまたはプレーンテキストを収めれば、どのアプリでファイルを作成しても、スクラッチパッドのノートとして扱えるため、Scrivenerを起動しなくても、スクラッチパッドのノート自体は読み書きや追加ができます。

　このことを考えると、スクラッチパッドは「他のアプリで作成した断片を、Scrivenerのプロジェクトで取り扱うための中継地」と考え、実際に書き留める（ファイルを作る）作業は、ほかのアプリやサービスを使うほうが現実的と思われます。たとえば、スクラッチパッドの保存先を、Dropboxで同期するフォルダの下位に指定しておき、外出中に思いついたアイデアをスマートフォンで書き留めてそのフォルダへ保存すれば、帰宅後にScrivenerを起動してスクラッチパッドを開いてすぐに作業を始められます。

　ファイルの作成方法はいろいろ考えられます。たとえば、iOSやAndroidのDropboxアプリはテキストエディターを内蔵しているので、直接ファイルを作成できます。あるいは、IFTTT（ifttt.com）というサービスを使うと「特定のタグを付けてTwitterへ投稿すると、Dropboxの所定のフォルダへファイルとして保存する」というアプレットを作り、処理を自動化できます。執筆スタイルにあわせて工夫してください。

　なお、スクラッチパッドの「Default format」にかかわらず、所定のフォルダへ保存できればRTFとプレーンテキストのどちらも扱えます。また、スクラッチパッドをリロードする機能はないので、ウィンドウを開いたあとにファイルを直接操作したときは、ウィンドウを開き直してください。

3-5 資料を集める

作品の構想を練るには、さまざまな資料が必要です。PCの中にあるファイルやWebページなどをプロジェクトへ読み込んだり、閲覧する方法を紹介します。ほかのアプリを使って執筆した原稿を読み込む場合も、手順は同じです。

1 「Draft」フォルダとそれ以外の使い分け

さまざまな形式のファイルなど、原稿以外の資料や、別のアプリで書いた原稿を、プロジェクトのアイテムとして読み込むことができます。読み込んだアイテムの管理は、内部で作成したテキストと同様に、バインダーで行います。

ファイルなどを読み込むときは、ファイルの形式と、保存先のフォルダの関係に注意してください。「Draft」フォルダは原稿のみ、それ以外は自由という使い分けは変わりません。

●「Draft」フォルダは文章のみ対応

「Draft」フォルダは原稿専用のフォルダですので、ここを保存先とするのは、読み込んだファイルを原稿として扱う場合に限られます。よって、「Draft」フォルダ以下へ読み込みできるのは、テキストファイル、あるいは、テキストが主体のファイルだけです。代表的なものを以下にあげます。

- プレーンテキスト（txt）
- リッチテキスト（rtf）
- Wordファイル（doc、docx）
- OpenOfficeファイル（odt）
- OPMLファイル（opml）
- マインドマップ（mm）
- Webページ、Webアーカイブ（html、mhtml）

これら以外のファイルを「Draft」フォルダへ読み込もうとしても、操作できなかったり、エラーになったりします。画像や音声のファイルを期待通りに読み込めないときは、保存先に「Draft」フォルダの外を指定してください。

ファイル形式としては対応している場合でも、必ず期待どおりになるとは限りません。読み込むとエラーになったり、一部の要素が失われる場合があります。たとえば、画像を挿入したdocxファイルを読み込むと、画像は失われます。必要に応じて、あらかじめ別のアプリでRTFやプレーンテキストのような単純な形式のファイルへ変換してから読み込むことをおすすめします。

プレーンテキストは読み込み時に文字コードを指定できるので、シフトJISも扱えます。ただし、もしも文字化けするなどうまくいかないときは、あらかじめ文字コードをUTF-8へ変換してから読み込んでください。無料で利用できて、文字コードを変換できるテキストエディターには、「サクラエディタ」（https://sakura-editor.github.io）や「Mery」（https://haijin-boys.com）などがあります。

NOTE Scrivenerは内部的にはテキストをRTFで管理しているので、前記のファイルを読み込むとRTFへ変換します。内容が変わることがあるのはこのためです。このことは「Draft」フォルダ以外へ保存するときでも同じです。

◉「Draft」以外はすべての形式に対応

「Draft」フォルダ以外の場所には、読み込むファイル形式の制限はありません。あらかじめ用意されている「Research」フォルダだけでなく、最上位の階層を含め、保存先に指定できます。

ただし、読み込めるからといって、プロジェクトウィンドウの中で表示できるとは限りません。詳細は「3.5.6 資料のファイルを表示する」で紹介します。

2 ファイルをプロジェクトへ読み込む

ファイルをプロジェクトへ読み込むには、2つの方法があります。

• 読み込むアイテムを収めたいフォルダをバインダーで選択してから、［ファイル］→［Import］→［ファイルを選択...］を選び、ファイルを指定する。保存先を先に選ぶ点に注意。
• エクスプローラーへ切り替えて読み込むファイルのアイコンを表示し、バインダーの収めたい位置へドラッグ&ドロップする。ドラッグしながら保存先を選んでもよいが、微妙なマウス操作が必要。次の図を参照。

ドラッグ&ドロップで資料のファイルを読み込む

① エクスプローラーからバインダーへドラッグ&ドロップします。保存先は線または枠で強調表示されます。この図では「植物」フォルダを選んでいます。

② ファイルの読み込みに関する説明が表示されます。内容は前項で紹介したものと同じで、《テキストファイルを読み込んだ場合は、RTFに変換される》というものです。今後表示する必要がなければ、左下の「Do not show this message again」《このメッセージを繰り返し表示しない》オプションをオンにしてから「OK」ボタンをクリックします。

③ ①で選択していたフォルダの下位にファイルが保存されました。アイテムの名前には、ファイルの名前が使われます。ただし、拡張子は失われますし、プロジェクトウィンドウではファイル形式を確認できないことが多いので、名前が同じで拡張子が異なるファイルを扱うときは注意してください。

なお、もしもテキスト以外のファイルを「Draft」フォルダへドロップしようとしても、禁止のアイコンが表示されてドロップできません。

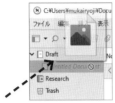

画像ファイルは「Draft」フォルダへドロップできない

読み込まれたアイテムはプロジェクトの内部へコピーされます。元のファイルは、不要であれば削除してもかまいません。

3 テキストを分割して読み込む

1つのテキストファイルを読み込むと、バインダーでは1つのアイテムになりますが、読み込むと同時に複数のアイテムへ分割することもできます。これにはあらかじめ元のファイルに細工が必要ですので、ステップバイステップで紹介します。

STEP 01	元のファイルを開いて、区切りたい箇所に「本文中では絶対に使わない記号」を入れて保存します。 初期設定は半角の「#」ですが、必要に応じて「&&&」などを使ってもかまいません。	
STEP 02	Scrivenerへ切り替え、保存先の場所を選択してから、［ファイル］→［Import］→［インポートして分割］を選びます。	
STEP 03	ウィンドウが開きます。必要に応じて設定を変更してから「Import」ボタンをクリックします。	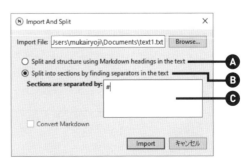

Ⓐ「Split and structure using Markdown headings in the text」：マークダウンの見出しに従って
ファイルの分割と階層化を行います。

Ⓑ「Split into sections by finding separators in the text」：セパレータ（区切り）に従ってテキスト
を分割します。

Ⓒ「Sections are separated by」：区切りに使った記号をここへ記入します。

STEP 04	読み込むファイルの文字コードを指定します。	

STEP 05	読み込んだ結果を確認してください。区切り直後の行はアイテムの名前にも使われます。	

NOTE SNSなどのWebサービスでは、すべての投稿や記事を1つのファイルにまとめて出力する機能を持っていることがあります。このとき、記事の区切りに特徴的な記号を使い、[インポートして分割]のコマンドを使えば、個別の記事をプロジェクトのアイテムへ自動的に変換できます。理想的なファイルを得られないときは、Scrivenerへ読み込む前に、テキストエディターの検索置換機能を使うなどして細工してください。

4 OPML形式のファイルを読み込む

　構想を練るときにアウトライナーやマインドマップと呼ばれるジャンルのアプリを使う方は、「OPML」という形式で書き出せるか調べてみてください。ScrivenerはOPML形式のファイルの読み込みに対応しているので、バインダーのアイテムとして読み込むことができます。

　OPML（Outline Processor Markup Language）は、文書のアウトライン構造を保ったままデータを交換するときに使う形式です。アウトライナーやマインドマップには、OPML形式の読み書きに対応するものが多くあります。

　ここでは一例として、「Dynalist」（https://dynalist.io）というWebサービスのアウトライナーで作成したアウトラインをScrivenerへ読み込んでみましょう。まず、OPML形式でファイルを書き出します。

DynalistからOPMLで書き出す

Ⓐ 書き出したい部分のルートになる階層でメニューを開いて [Export...] を選びます。
Ⓑ 「OPML」タブを選び、「Download as file」《ファイルとしてダウンロード》ボタンをクリックします。

　Scrivenerで OPMLファイルを読み込む手順は、通常のファイルと同じです。直接目的の場所へ読み込んでも、いったん最上位の階層に置いて整理してから移動してもかまいません。

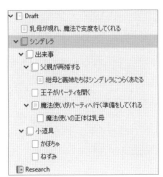

「Draft」フォルダを選んでOPMLファイルを読み込んだ結果

　このとき、元のアウトラインがどのように読み込まれているか注目してください。階層は保たれていますが、下位にアイテムを持つトピックは、すべてファイルグループとして読み込まれています。また、トピックに添付したノートも、下位のトピックになっています。

● OPMLファイルの読み込み方法のカスタマイズ

　OPML形式のファイルを読み込む方法はカスタマイズできます。これには、[ファイル]→[Options...]を選び、「Sharing」→「Import」カテゴリーの、「OPML and Mindmap」の見出しにある設定を変更します。

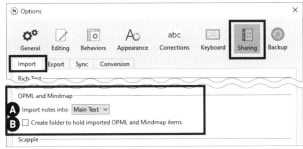

OPML形式のファイルの読み込み方法を変える

Ⓐ 「Import notes into」:「Main Text」は通常のアイテムとして、「Synopsis」は「概要」属性、「Notes」は「ノート」属性として読み込みます。

Ⓑ 「Create folder to hold imported OPML and Mindmap items」:読み込んだアウトラインの上位にフォルダを作ります。

NOTE　ScrivenerはOPML形式への書き出しもできるので、Scrivenerのコルクボード表示で作成した構想をDynalistなどで読み込むこともできます。これには、[ファイル]→[エクスポート]→[OPML or Mindmap File...]を選びます。

悩んだ部分だけアウトライナーや マインドマップを使う

ScrivenerでOPMLファイルを読み込むときは、「既存プロジェクトへの読み込み」であって、「OPMLファイルをプロジェクトへ変換する」ものではない点に注目してください。つまり、執筆途中のプロジェクトへ読み込んでも、既存のアイテムや原稿には影響しません。

このため、構成に悩んだ箇所だけアウトラインやマインドマップを作成し、それをScrivenerで読み込んで原稿を書き進める使い方ができます。もちろん、Scrivenerにはコルクボード表示やアウトライン表示がありますが、専用アプリのほうが操作性がよく、キーボードショートカットの慣れなどもあるので、好みで使い分けるのもよいでしょう。

なお、このような使い方をする場合は、プロジェクトの既存アイテムと混乱しないように注意してください。読み込み操作に慣れるまでは、あえて「Draft」フォルダの外部、たとえば最上位の階層などへ読み込み、ある程度整理してから「Draft」フォルダへ移動するのがよいでしょう。

5 「Scapple」と連携する

Scrivenerを開発するLiterature & Latte社はもう1つ、散発的なアイデアを書き出すことに注目した「Scapple」(スカップル) というアプリを発売しています。

「Scappleの画面のアイテム(ノート)」と「Scrivenerのプロジェクトのアイテム」には互換性があり、相互にドラッグ&ドロップしてアイテムを作成できます。あらかじめScappleの画面で必要なノートを選択してから操作すると、そのノートだけをScrivenerのアイテムに作成できます。ファイルとして書き出す手間がなく、目的のアイテムだけを選んでプロジェクトへ読み込めます。

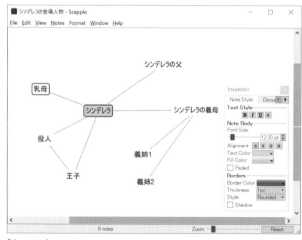

「Scapple」

ScappleはOPML形式でファイルを書き出しできますし、画面を見るとマインドマップのように見えますが、階層の概念がなく、グループ化もゆるやかであるため、Scappleで設定した関係性をScrivenerへ持ち込む方法がありません。Scrivenerと同様に独特なアプリですので、その基本的な特徴については筆者がブログに書いた記事を参照してください。

➡ 「Scapple超入門」（S2ファンサイト）
https://s2.mukairyoji.com/archives/1552

　ScappleはWindows版とmacOS版があり、公式サイトから購入できます。画面表示は日本語化されていませんが、日本語の文章は問題なく扱えます。Scrivenerと同じく30日間使える無料の体験版があります。

6 資料のファイルを表示する

　資料として読み込んだアイテムの内容をエディターで表示するには、バインダーで選択します。アイテムの種類は違っても、「Draft」フォルダのテキストを表示・編集するときと同じです。
　汎用的な形式のファイルは、プロジェクトウィンドウの中で表示できます。Windows内蔵のアプリで扱えるものであっても、必ずしもプロジェクト内部で扱えるとは限りませんが、筆者が試した限りでは以下の形式が扱えました。これらのファイルを表示すると、ファイル形式に応じて表示や再生のためのボタンなどが表示されます。

- 画像……BMP、JPEG、GIF、PNG、TIFF
- 音声……WAV、MP3
- 動画……WMV

　また、外部のアプリを使って表示・編集することもできます。内容を変更したときは上書き保存すると、そのままプロジェクト内で利用できます。ほとんどの場合、更新した内容をエディターに表示するには再表示する必要があります。エディターで反映されないときは、いったん別のアイテムを表示して、再度選び直してください。

◉ 内部エディターで画像を表示する
　次の図は、内部エディターで画像を表示しているところです。右クリックして開くメニューでも操作できます。

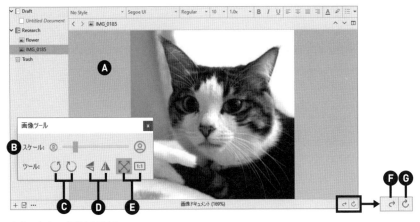

内部エディターで画像を表示する

Ⓐ エディター内でダブルクリックすると「画像ツール」ウィンドウを開きます。エディター内であれば、画像の外側でもかまいません。

Ⓑ Ⓔのボタンがともにオフであるときに、表示倍率を任意に変更します。

Ⓒ 回転します。エディターでの表示を回転しているだけですので、外部エディターで開くと元通りに表示されます。

Ⓓ 反転します。エディターでの表示を操作しているだけですので、外部エディターで開くと元通りに表示されます。

Ⓔ 拡大率を、ウィンドウに合わせるか、原寸大にします。Ⓑを使いたいときは、両方をオフにします。

Ⓕ ファイル形式に応じたデフォルトのアプリでこのファイルを開きます。

Ⓖ 表示を更新します。Ⓕを使って別のアプリで実際の内容を編集し、上書き保存した後に使います。

● 内部エディターで音声や動画を再生する

次の図は、内部エディターで音声を再生しているところです。動画でも、表示されるボタン類は同じです。なお、再生を操作するメニューは［ナビゲート］→［メディア］以下にあります。

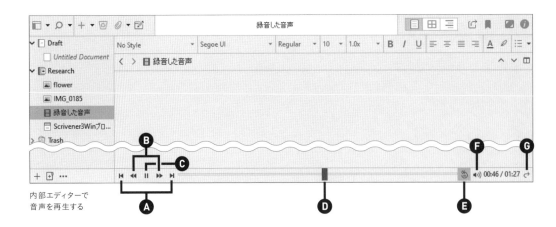

内部エディターで
音声を再生する

Ⓐ 再生ヘッド（Ⓓ）を先頭または末尾へ送ります。

Ⓑ 再生ヘッドを3秒前または3秒後へ送ります。

Ⓒ 再生と一時停止を切り替えます。キーボードショートカットは「Ctrl＋Return」キー。

Ⓓ 再生ヘッド。ドラッグして再生位置を移動できます。

Ⓔ 一時停止したときに、自動的に一定時間巻き戻す機能のオン／オフを切り替えます。初期設定は3秒です。次に再生するときに少し前から始められるので、音声ファイルを聞きながら文字起しするときなどに便利です。

Ⓕ クリックして音量スライダーを表示します。

Ⓖ ファイル形式に応じたデフォルトのアプリでこのファイルを開きます。

前図Ⓔの秒数は、1〜10秒の間で変更できます。これには、［ファイル］→［Options...］を選び、「Behaviors」→「Playback」カテゴリーを選び、「Rewind when paused by」《一時停止したときに〜秒巻き戻す》のスライダーを指定します。

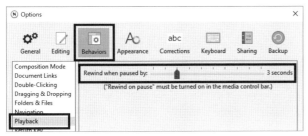

音声ファイル停止時に、自動的に巻き戻す秒数の設定

Ⓞ 内部エディターでPDFを表示する

次の図は、内部エディターでPDFを表示しているところです。表示倍率は、右クリックして開くメニューで操作します。

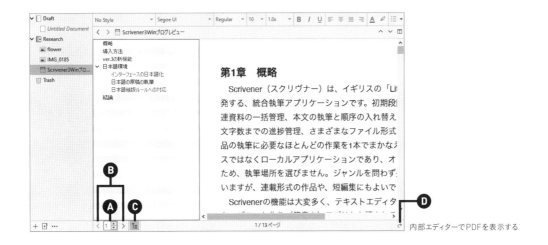

内部エディターでPDFを表示する

Ⓐ ページ数を指定して移動します。

Ⓑ 前後のページへ移動します。

Ⓒ アウトラインを表示します。アウトラインのデータが含まれていない場合は、ボタンがグレーになりクリックできません。

Ⓓ ファイル形式に応じたデフォルトのアプリでこのファイルを開きます。

> **NOTE** PDFに含まれているテキストを抜き出して、通常のテキストへ変換できます（OCR相当の機能を持つわけではありません）。これには、［ドキュメント］→［書式の変換］→［PDFからテキストへ］を選びます。この機能はScrivener内部の機能だけで使えますが、すべてのファイルを理想的に変換できるとはかぎりませんし、文字化けすることもあります。また、変換すると元のPDFはなくなってしまいます。試すときは、あらかじめ複製してから行ってください。

◉ 内部エディターで表示できないファイル

内部エディターで表示できない形式のファイルは、内容を参照するには別のアプリで開く必要があります。これには、エディター領域の下端にあるボタンをクリックします。

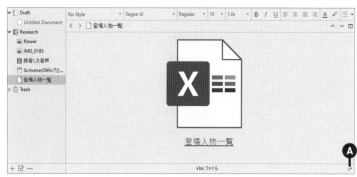

内部エディターで表示できない形式のファイル

Ⓐ ファイル形式に応じたデフォルトのアプリでこのファイルを開きます。

別のアプリで内容を更新したときは、上書き保存してください。引き続きプロジェクト内でファイルを管理できます。

7 Webページを読み込む

Webページの内容をScrivenerから直接プロジェクトへ読み込むことができます。読み込んだWebページは、ファイルを読み込んだときと同様に1つのアイテムになります。手順には、プルダウンメニューから操作するものと、ドラッグ＆ドロップの2つがあります。

「Draft」フォルダへ読み込むと、文字のみが読み込まれます。それ以外の場所へ読み込むと画像も読み込まれますが、ページによっては読み込まれないこともあります。

❍ メニューから読み込む

プルダウンメニューから読み込む場合の手順は、次のとおりです。

STEP 01 Webブラウザで目的のページを開き、URLをコピーします。Scrivener自体はWebブラウザの機能を持っていないため、URLを直接指定する場合を除き、Webブラウザを併用する必要があります。

STEP 02 Scrivenerへ切り替え、内容を保存したい場所をバインダーでクリックして選択します。

STEP 03 ［ファイル］→［Import］→［Webページ］を選びます。

STEP 04 ウィンドウが開いたら、「Address」欄にURLをペーストします。「タイトル」欄はバインダーで表示する名前です。空欄でもかまいませんが、その場合は、Webページのタイトルではなく、ドメイン名がアイテムのタイトルになります。

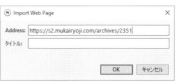

読み込むWebページのURLを指定する

❍ ドラッグ＆ドロップで読み込む

Webブラウザからのドラッグ＆ドロップで読み込む場合の手順は、次のとおりです。難しくありませんが注意したい点があるのでステップ式で紹介します。

STEP 01 Webブラウザで読み込みたいページを表示し、URLをクリックします（マウスのボタンを押し続けます）。ただし、実際の場所はWebブラウザによって異なることがあります。
図は「Edge」の場合で、URLの左隣にあるカギのアイコンをクリックします。

STEP 02 Scrivenerのバインダーの収めたい位置へドラッグ＆ドロップします。図では「Research」フォルダです。

STEP 03 マウスのボタンを離すとすぐに読み込みが始まり、ウィンドウで進行状況を表示します。中止したいときは「キャンセル」ボタンをクリックします。

STEP 04 読み込まれた結果を確認します。エディターのフッターに表示されるURLをクリックすると、Webブラウザへ切り替えて、このURLを開きます。

● オフラインで閲覧できるがつねに完全ではない

読み込んだWebページはプロジェクト内に保存されるため、オフライン（インターネットへ接続していない状態）でも閲覧できます。ただし、Webページの作り方などによっては、完全にオフラインへ保存できない場合や、Webブラウザでの表示が十分に再現されない場合があります。

必要に応じて、読み込んだ後にどの程度まで再現できたか確認するか、Webブラウザの機能を使ってPDFへ出力したファイルをScrivenerへ読み込むのがよいでしょう。

NOTE この機能で読み込んだWebページは、1つのファイルでWebページのデータをまとめて扱う「MHTML」形式（拡張子はmht）で保存されます。macOS版のScrivenerで読み込んだWebページは、Apple独自の「WEBARCHIVE」形式で保存されます。両者に直接の互換性はないため、別のOSで参照できません。WindowsとMacを併用してプロジェクトファイルを両方のOSで開く方は、Webブラウザの機能を使ってPDFへ出力し、それをScrivenerへ読み込むのがよいでしょう。

Chapter

4

本文を書く・執筆編

構想ができあがったら、いよいよ本文を書き始めましょう。本文の執筆で役立つ、Scrivenerならではのさまざまな機能を紹介します。豊富なカスタマイズ機能は、快適な執筆環境づくりに役立ちます。

4-1 本文執筆の基本

本文執筆に直接関係する、エディターの操作法を紹介します。テキストを分割・連結して扱う Scrivenerの特長を生かした機能に慣れると、執筆の効率も上がることでしょう。

1 エディター表示の概略

初期設定のエディターの表示は次の図のようになっています。それぞれの機能は順次紹介していきます。

エディターの概略

Ⓐ 書式バー：フォントの種類や、下線などの装飾を設定します。バーを隠すには、[表示] → [テキスト編集] → [書式バー] オプションをオフにします。

Ⓑ ヘッダーバー：選択中のアイテムのタイトルを表示・編集します。連結表示のときは「（バインダーで選択されているアイテムの名前）：（カーソルがあるアイテムの名前）」と表示します。バーを隠すには、[表示] → [エディタのレイアウト] → [ヘッダー・ビュー] オプションをオフにします。

Ⓒ フッターバー：表示倍率や、選択中のアイテムの文字数などを表示します。バーを隠すには、[表示] → [エディタのレイアウト] → [フッター・ビュー] オプションをオフにします。なお、右端にある「書類にチェックがついたアイコン」は、コンパイル対象に含めるかどうかという設定ですので、原則として触れないでください。

● 長文作品のサンプルについて

　本章以降では、見出しを持った長文作品のサンプルとして、武田正代・山形浩生の両氏が翻訳された童話「オズの魔法使い」を使います。全24章で構成された、約10万字ある作品です。版権表示は「©2003-2006 武田正代 + 山形浩生」です。ただし、機能解説の都合上、バインダーなどに表示されるアイテムの名前は筆者が追加しています。

→ L・フランク・ボーム『オズの魔法使い』(武田正代＋山形浩生 訳)
http://www.genpaku.org/oz/wizoz.html
Scrivenerプロジェクトを筆者主催の「S2ファンサイト」で配布しています (https://s2.mukairyoji.com)。

┃2 テキストを分割・結合する

　1つのテキストを指定した位置で分割したり、複数のテキストを1つに統合したりできます。操作の取り消しはできないので、必要があれば複製するなどしてバックアップを作ってください。

● テキストを分割する

　テキストを分割するには、分割したい位置をクリックしてから、[ドキュメント]→[分割 (カーソル以後もしくは選択範囲)]→[カーソル以後を新規テキストに分割]を選びます。

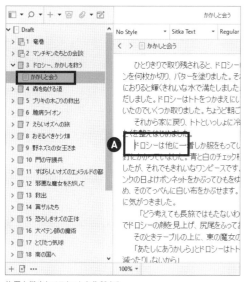
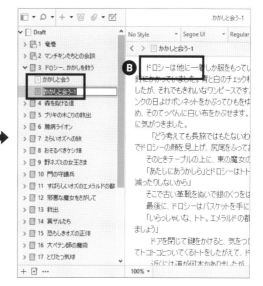

位置を指定してテキストを分割する

Ⓐ クリックしてカーソルを置きます。
Ⓑ カーソルの位置でテキストが分割されました。

範囲を選択してから、［ドキュメント］→［分割（カーソル以後もしくは選択範囲）］→［選択範囲をタイトルとする新規テキスト］を選ぶと、分割するとともに、その範囲をアイテムの名前に設定できます。分割位置は、選択範囲の先頭になります。名前にしたい語句が本文の冒頭にある場合に便利ですが、アイテムの名前をつけなければ分割後のテキストの冒頭が仮の名前になるので、意図的に名前を付けたいときにだけ使えばよいでしょう。

● テキストの分割を繰り返すときのポイント

　テキストの分割・結合を繰り返すときは、まずフォルダに入れて、フォルダを選択し、連結表示へ切り替えてから操作するとよいでしょう。前図では1つのテキストを表示するドキュメント表示で行っているために、分割すると分割位置以降のテキストが選ばれます。この場合、分割位置前後のつながりを確かめるたびにバインダーでアイテムを選び直すなどの手間が発生します。

　次の図は、同じ分割操作を、1つ上の階層を選んで連結表示で行ったところです。分割しても表示対象のフォルダ（この例では「3 ドロシー…」の章）は変わらないので、速やかに次の作業へ移れます。

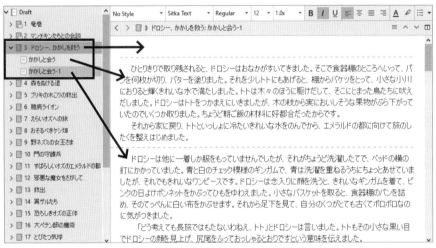

上位を表示してから分割すれば表示範囲は変わらない

　なお、連結表示でテキストの分割・統合を行うときは、必要に応じて、表示を固定する機能も使うことをおすすめします（「4.1.4 エディター表示を固定する」を参照）。

● テキストを結合する

　複数のテキストを結合するには、バインダーで選択してから、［ドキュメント］→［結合］を選びます。場所が離れていたり、階層が異なっていたり、アイテムが3つ以上ある場合でも、手順は同じです。また、コルクボード表示やアウトライン表示でも同様に操作できます。

　結合する順序は、選択した順序ではなく、バインダーで並んでいる順序です。順序を入れ替える必要があれば、結合する前に順序を入れ替えてください。

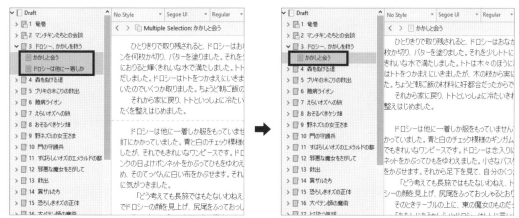

複数のテキストを結合する

◉ 仕切りにする文字列の設定

　複数のテキストを結合すると、区切りだった箇所に空白行ができます。これはアイテムの仕切り（セパレータ）としてカスタマイズできる対象のはずですが、Ver.3.0.1では反映されません。

　本来であれば、［ファイル］→［Options...］を選び、「General」→「Separators」カテゴリーを選び、「Merged documents」欄の「Separator」を「Single Return」へ変更すれば空白行が入らずに結合できるはずです。

テキストを結合したときの区切りをカスタマイズする設定がある

🅐「空行」のセルをダブルクリックすると、セルの右端にマークが現れます。もう1度クリックするとメニューが現れて、「Single Return」《改行》を選べます。

COLUMN 既存の文章を再編集する

　筆者が受けた編集案件の1つに、「インタビューをそのまま文章にしたもの（文字起こし）を受け取り、それを再構成して記事として仕上げる」というものがありました。文字起こしだけでなく途中までできあがっている原稿を編集する場合でも同じですが、「すでに単一のファイルとしてできあがっている既存の長い文章を再構成する作業」には、テキストの分割、連結表示、表示を固定、の機能が便利です。

インタビューや対談の記事を手がけた経験がある方はわかるとおり、実際の会話では、趣旨が同じことを何度も言い換えつつ繰り返していたり、前に話していたこととずっと後で話すことがつながっていたりするため、順序を入れ替えたほうが読み物として流れがスムーズになる場合が多くあります。事前にかっちりとストーリーを組み立てておき、それに合わせて本人に話をさせる方法もありますが、それでも再構成がまったく不要ということはほぼないでしょう。

また、単純な言い間違い、無意味な間投詞、対象が明確でない指示代名詞、仲間内にしか通じない言い回しなども多くあります（ほかにも事実関係の確認などの作業もありますが、ここでは体裁を整えることに注目します）。

つまり、ほとんどの場合は会話をそのまま文章にしても読み物にはならないので、①話題の取捨選択と組み替え、②読み物らしい文体への書き直しが必要です。②の作業はどんなアプリケーションを使っても可能ですが、①の作業はScrivenerがたいへん活躍します。

筆者の場合の具体的な手順は次のとおりです。①文字起こしされたファイルをScrivenerへ読み込み、②話題の区切りとなる箇所でテキストを次々に分割し、③それぞれの話題の要旨を「概要」属性に書き、④「概要」属性の内容をさらに端的にテキストの名前に書き、⑤アウトライン表示で話題を取捨選択し、⑥大きなテーマごとにフォルダでまとめると同時に、話のつながりがよいように順序を組み替え、⑦何度もコンパイルして通し読みをしながら、全体を仕上げます。

ワークフローにはまだ改善の余地がありそうですが、Scrivenerはたいへん多くの機能を持っているので、個々の機能を用途にあわせて組み合わせてみてください。

3 エディター表示を分割する

エディターの表示を横方向または縦方向に2分割して、それぞれの領域で表示するアイテムと形式を自由に選べます。これにより、たとえば次のようなことができます。

- 別々のテキストを表示して、別の箇所を見比べながら原稿を書く。
- 「Research」フォルダに入れた資料を見ながら、「Draft」フォルダに収めている原稿を書く。
- あるフォルダをコルクボード表示またはアウトライン表示で確認しながら、連結表示で原稿を書く。
- アウトライン表示で各章の文字数を確認しながら、章ごとの文字数が近くなるようにテキストの順序を入れ替える。

NOTE
同じプロジェクトの別の内容を表示する機能はほかにも2つあり、「5.2.2 クイックリファレンスを使って資料を参照する」と「5.2.3 コピーホルダーを使って資料を参照する」で紹介します。ただし、どちらもドキュメント表示のみで利用可能であるため、原稿よりも、メモや資料を表示するほうが向いています。

● 表示を分割する

エディター表示を分割するには、①横方向に分割する、②縦方向に分割するの2つがありますが、これを切り替える方法には次の2つがあります。

- メニューから操作する……［表示］→［エディタのレイアウト］→［横方向に分割］または［縦方向に分割］を選ぶ。
- ヘッダーバー右端のアイコンをクリックする……アイコンは分割する方向を示す。分割方向は前回の操作が記憶される。分割方向を変えるには、「Alt」キーを押しながらクリックする（「Alt」キーを押している間はアイコンが変わり、分割する方向が変わることを示す）。

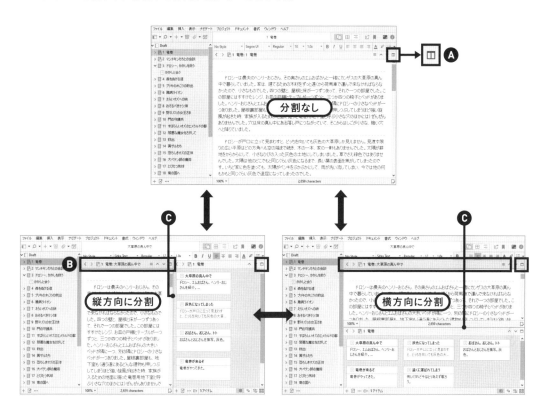

Ⓐ クリックして分割します。分割する方向はアイコンで示されます。

Ⓑ 操作中（アクティブ）のエディターは、ヘッダーバーに色がついて強調表示されます。

Ⓒ 仕切り線をドラッグして幅を調節できます。

◎ アクティブなエディターを選ぶ

現在操作中の（アクティブな）エディターを切り替えるには、エディター内の領域をクリックします。領域の中であればどこでもかまいません。または、［ナビゲート］→［Open］以下や、［ナビゲート］→［フォーカスを移動］以下からも操作が可能で、キーボードショートカットも設定されています。

表示を分割したときは、意図しないほうのエディターを操作しないよう、アクティブなエディターがどちらであるか注意してください。また、テキスト以外の、画像や音声を表示するときも操作方法は同じです。

◉ 表示の分割を戻す

エディターの分割表示をやめて1画面へ戻すには、次のどちらかの方法で操作します。いずれも、アクティブではないほうのエディターが閉じられます。Windowsのウィンドウとは違って、アクティブなほうを閉じるためのボタンではない点に注意してください。

- **メニューから操作する**……[表示]→[エディタのレイアウト]→[分割しない]を選ぶ。
- **ヘッダーバー右端のアイコンをクリックする**……分割表示中は、アイコンも1画面のものに変わる。

4 エディター表示を固定する

通常、バインダーでアイテムを選ぶと、そのたびにエディターに表示する対象が変わりますが、表示を固定することもできます。これには、[ナビゲート]→[エディタ]→[この場所に固定]オプションをオンにします。キーボードショートカットは「Alt＋Shift＋L」キーです。オフにするには、同じ操作を行います。

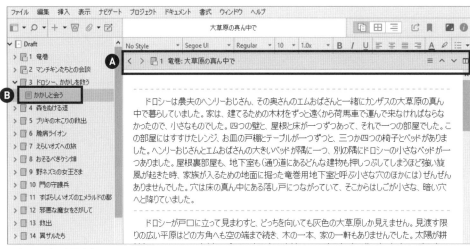

エディターの表示を固定する

- **Ⓐ** 固定されたエディターのヘッダーバーは、赤色で表示されます。
- **Ⓑ** バインダーで別のアイテムを選んでもエディターの表示は変わりません。

いったん表示を固定すると、固定を解除するか、意図的に別のアイテムを表示するよう操作するまで、表示する対象が変わりません。固定する対象は、1つのテキストのドキュメント表示でも、複数のテキストの連結表示でも、1つの画像でも、どれでもかまいません。

この機能を活用できるのは、エディター表示を分割したときでしょう。片方を固定し、もう一方を固定せずにおくと、特定の箇所または表示形式を見ながら、個別の内容や別の箇所を次々に確認するような使い方ができます。

5 エディターに表示するアイテムを選ぶ

ここまで、エディターに表示するアイテムを選ぶにはバインダーでクリックする方法を使ってきましたが、それ以外の方法をまとめて紹介します。状況に応じて使い分けられると理想的です。

● ヘッダーバーのボタンを使う

ヘッダーバーにあるボタンを使って、表示するアイテムを移動できます。

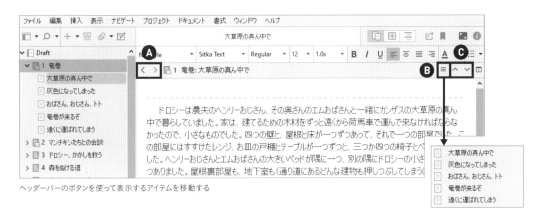

ヘッダーバーのボタンを使って表示するアイテムを移動する

Ⓐ 表示履歴の順序で、前/次のアイテムへ移動：表示した履歴の順序で、前後に移動します。たとえば「第1章→第2章→第3章」の順に表示したときは、[<] ボタンをクリックすると1つ戻って第2章を表示します。続いてさらに [<] ボタンをクリックすると第1章を、[>] ボタンをクリックすると第3章を表示します。Webブラウザの戻る/進むボタンと同じ仕組みです。メニューから操作するときは、[ナビゲート] → [エディタ] → [ドキュメントの履歴を戻る] または [ドキュメントの履歴を進む] を選びます。キーボードショートカットは「Ctrl + [」または「Ctrl +]」キーです。

Ⓑ 下位にあるアイテムの一覧：クリックすると、現在の選択対象の下位にあるアイテムの一覧を表示し、選んで移動できます。このプロジェクトのように章ごとにフォルダで分けていれば、章（フォルダ）を選択しているときは小見出しのように使えます。ドキュメント表示のときは、このメニューは現れません。

Ⓒ バインダーの順序で、前/次のアイテムへ移動：バインダーに並ぶ順序で移動します。メニューから操作するときは、[ナビゲート] → [Go To] → [前のドキュメント] または [次のドキュメント] を選びます。キーボードショートカットは「Alt+Shift+↑」または「Alt+Shift+↓」キーです。

>
> **NOTE**
> ヘッダーバーを使ったその他の操作として、アイコンをダブルクリックするとクイックリファレンスウィンドウで開く、右クリックするとメニューを開く、があります。

● バインダーからヘッダーバーへドラッグ＆ドロップする

　バインダーからヘッダーバーへアイテムをドラッグ＆ドロップすると、そのアイテムを表示できます。

　この機能を使うと、エディター表示を分割しているときに、アクティブなエディターの表示を変えず
に、別のエディターで別のアイテムを選んで表示できます。つまり、アクティブなエディターを切り替
える操作が不要になります。

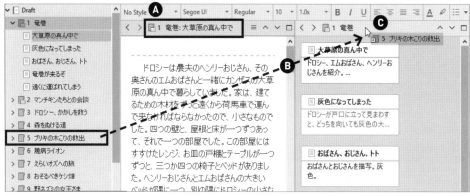

バインダーからヘッダーバーへドラッグ＆ドロップして表示対象を変える

Ⓐ 左のエディターでは「1 竜巻」を連結表示していて、アクティブになっています。

Ⓑ 「5 ブリキの…」を右のエディターで表示するため、バインダーから右のエディターのヘッダーバー
へドラッグしています。もしもバインダーでクリックしてしまうと、アクティブ状態の左のエディ
ターの表示が変わってしまいます。

Ⓒ ドロップできる範囲ではポインタに「＋」マークが付きます。

NOTE もしもエディター上でドロップしてしまうと、そのアイテムへのリンクが本文中に挿入されます（「5.8.2 リンク
でほかの箇所へジャンプする」を参照）。操作をまちがえたときは、すぐに［編集］→［Undo］を選んで取り
消してください。

---

6 コルクボードやアウトラインと他方のエディターを連動する

　エディター表示を分割して、一方をコルクボード表示に設定したとき、カードをクリックすることで、
他方のエディターに表示するアイテムを選ぶことができます。たとえば、コルクボード表示とドキュメ
ント表示を設定したときに、（バインダーではなく）カードをクリックしてもその本文が表示されるよう
に、両者を連動できます。

　このように設定するには、エディター画面を分割し、一方をコルクボード表示へ切り替えてアクティ
ブにしてから、［ナビゲート］→［Corkboard Selection Affects］《コルクボード選択の反映先》→［Other
Editor］を選びます。このコマンドは、コルクボードで選んだアイテムを表示する先を選ぶための設定

です。連動をやめるには、[ナビゲート] → [Corkboard Selection Affects] → [None] を選びます。また、エディター下端にあるボタンでも操作できます。

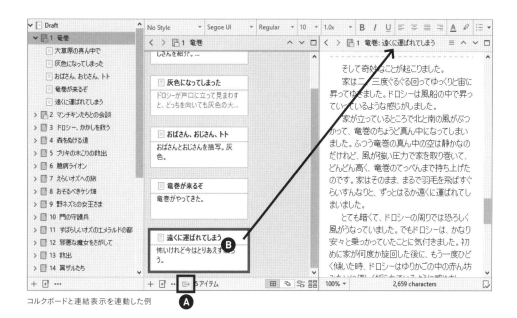

コルクボードと連結表示を連動した例

Ⓐ 選択したアイテムを他方のエディターで表示する機能のオン／オフを切り替えます。オンのときはボタンが水色で表示されますが、色が薄く見づらいので注意してください。

Ⓑ （バインダーではなく）コルクボード表示のカードをクリックすると、そのカードの本文を他方のエディターで表示します。

　同じことは、アウトライン表示でも可能です。メニューから操作するときは表記が変わり、[ナビゲート] → [Outliner Selection Affects] → [Other Editor] または [None] となります。

COLUMN **エディターの分割表示はアイデア次第**

　分割表示に設定する形式は自由に組み合わせられるので、アイデア次第でさまざまな使い方ができます。執筆スタイルや作品に合わせて工夫してみてください。

　たとえば次の図は、2つのアウトライン表示を使って、原稿全体を確認しながら、各章の中の小さなシーンの構想を練っている例です。バインダーを隠すことで、画面を広く使っています。

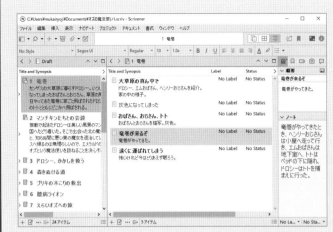

2つのアウトライン表示を使ってより細かくシーンを考えていく例

　左側では「Draft」フォルダを選び、表示を固定して章の階層から動かないようにしておきます。さらに他方のエディターへ連動するように設定します。これで、たとえば左側で第1章を選ぶと、右側には第1章の下位にあるアイテムの一覧が表示されます。この図ではアウトライン表示を使っていますが、コルクボード表示を2つ並べても同じです。

　この画面設定の特徴は、章のレベルまで「概要」属性を書いて大まかな内容を決めた後に、それを参照しながら、各章の中の細かなシーン（テキスト）を追加したり、各シーン（テキスト）の「概要」と「ノート」の属性をインスペクターで書き進められることです。つまり、左側で大きな話題を表示しつつ、右側でそれを小分けにしたシーンを検討できます。また、自由に書ける「ノート」はインスペクターでしか表示できないので、「概要」には収まらないメモも書き込めます。

　バインダーを使わない理由は、「概要」を表示できないからです。アウトライン表示やコルクボード表示では「概要」を表示できるので、エディターの領域を飛ばしてウィンドウ右端のインスペクタまで視線を動かす必要がありません。

　このような画面構成の設定は、「レイアウト」として保存しておき、切り替えて利用できます（「4.5.4 プロジェクトウィンドウ内の配置を保存する」を参照）。

7　連結表示にアイテムの名前を表示する

　連結表示しているときに、エディターの中にアイテムの名前を表示できます。この機能は、アイテムの名前をそのまま見出しにする場合や、本文を書くときにアイテムの名前を重視する場合に有用です。
　表示するには、［表示］→［テキストの編集］→［文書内にタイトルを表示］オプションをオンにします。フォルダの名前のみを表示する（テキストの名前は無視する）場合は、前記の操作に加えて［表示］→［テキストの編集］→［Only Scrivenings Titles for Folders］《フォルダの名前は連結表示のみで》もオンにします。

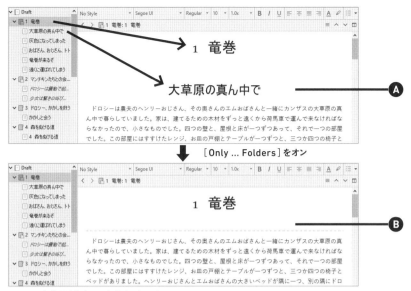

［Only … Folders］をオン

アイテムの名前を連結表示の本文中に表示する

Ⓐ ［文書内にタイトルを表示］をオンにして、すべての名前を表示します。フォルダだけでなく、テキストの名前も表示されます。

Ⓑ ［Only Scrivenings Titles for Folders］もオンにすると、フォルダの名前だけが表示されて、テキストの名前は無視されます。見出しをフォルダで分けていて、目次通りの表示で編集したい場合に最適です。

なお、この機能ではいずれのアイテムでも、仮の名前は無視されます。

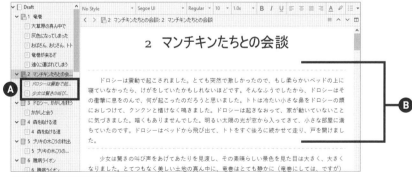

仮の名前は本文中には表示されない

Ⓐ バインダーを見ると、テキストには名前が付いていません。斜体でグレーなので、テキストの名前は仮のものです。

Ⓑ エディターにタイトルは表示されません。

◉ 連結表示中のタイトルのカスタマイズ

連結表示中に表示するアイテムの名前は、多くの機能で表示をカスタマイズできます。これには、[ファイル] → [Options...] を選び、「Appearance」→「Scrivenings」カテゴリーを選び、3つのタブで設定します。見出しらしく見えるよう、好みに合わせて変更してください。

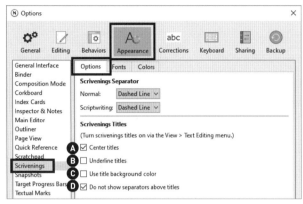

「Options」タブ

Ⓐ「Center titles」：名前を中揃えにします。

Ⓑ「Underline titles」：名前に下線を引きます。

Ⓒ「Use title background color」：名前に背景色を使います。色の設定は「Colors」タブのなか（Ⓗ）にあります。

Ⓓ「Do not show separators above titles」：名前の上にはセパレータを表示しません。

「Fonts」タブ

Ⓔ「Scrivenings titles」：連結表示で使うアイテムの名前のフォントとサイズを指定します。初期設定では英語向けのフォントが指定されているので、日本語用のものを設定しましょう。

Ⓕ「Reduce font size per level by」：階層が1つ下がるごとにフォントサイズをいくつ下げるかを設定します。「Draft」フォルダ直下を最上位として、そこから1つ下がるごとに、ここに指定したサイズだけ小さくします。たとえばⒺの設定が32ポイントであり、この設定が4ポイントであれ

ば、28、24、20ポイント……となります。

ⓖ「Minimum fonts size」：**ⓕ**の設定に従ってサイズを下げていったとき、最小とするサイズを指定します。

「Colors」タブ

ⓗ「Scrivenings Titles Background」：連結表示で表示するアイテムの名前の背景色です。

ⓘ「Scrivenings Titles Text」：連結表示で表示するアイテムの名前の文字色です。

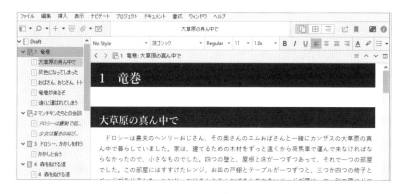

前図の**ⓐ**をオフ、**ⓒ**をオン、**ⓔ**を「游明朝 Demibold」22ポイント、**ⓕ**を4ポイント、**ⓗ**をブラック、**ⓘ**をホワイトに設定した例

NOTE

コンパイルの基本的な設定では、フォルダの名前は見出しに使いますが、テキストの名前は出力されません。しかし、後者が役に立たないわけではありません。[表示]→[テキストの編集]→[文書内にタイトルを表示]オプションをオンにして、エディターでテキストのタイトルを表示すれば、「コンパイルでは出力しないが、Scrivenerの連結表示では見出しのように表示する」設定ができます。つまり、テキストの名前は、「読者には見せないが、執筆中だけ表示する自分用の見出し」として使うことができます。

4-2 本文表示をカスタマイズする

本文の表示画面を好みに合わせてカスタマイズし、快適な執筆環境を作りましょう。ここでは本文表示に直接関係するカスタマイズ設定を紹介します。

1 文章の表示倍率を変える

　ドキュメント表示または連結表示での表示倍率を、1〜800%の間で変更できます。実際のフォントサイズは変えたくないが端末によっては見づらい場合などに変えるとよいでしょう。倍率を変えても、本文は表示幅の右端で折り返します。エディターを分割している場合は、エディターごとに設定できます。

　表示倍率を変えるには、次の3つの方法があります。

- フッターバー左端にあるメニューから選ぶ。
- [表示] → [表示倍率] → [Zoom In] または [Zoom Out]、あるいは好みの%を選ぶ。

　なお、メニューから選べない倍率を指定するには、[Other...]を選んで手入力します。

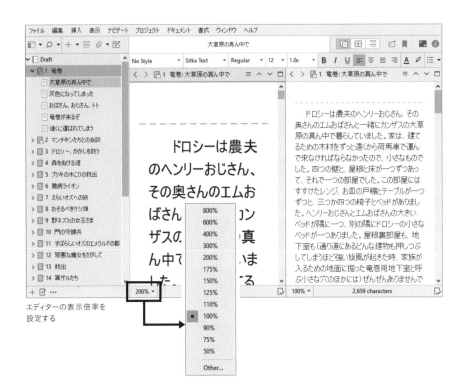

エディターの表示倍率を
設定する

NOTE コルクボード表示とアウトライン表示の倍率は変えられません。コルクボード表示のサイズを変えるには、カードのサイズを変えるか（「3.2.6 カードをカスタマイズする」を参照）、カードのフォントサイズを変えます（「3.2.11 コルクボード表示とカードをカスタマイズする」を参照）。アウトライン表示のサイズを変えるには、［ファイル］→［Options...］を選び、「Appearance」→「Outliner」カテゴリで、各種のサイズやフォントなどをカスタマイズできます。

2 表示幅を設定する

　本文を表示する幅はエディターの幅などから自動的に調整されますが、広すぎるときに制限したり、ウィンドウ幅に追従して広げたりできます。また、余白の値も設定できます。これらを設定するには、［ファイル］→［Options...］を選んでから、「Appearance」→「Main Editor」→「Options」カテゴリで指定します。おもな設定項目を以下に紹介します。

Chapter 4 本文を書く・執筆編

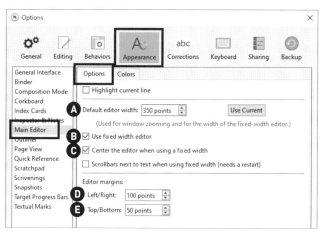

エディターで本文を表示する領域や余白の幅の設定

Ⓐ「Default editor width」《デフォルトのエディター幅》：本文を表示する幅を指定します。これより狭くなっても本文は行末で折り返します。現在の幅を取得するには「Use Current」《現在の設定を使用》ボタンをクリックします。

Ⓑ「Use fixed width editor」《固定幅のエディターを使用》：オフにするとウィンドウ幅に追従します。

Ⓒ「Center the editor when using a fixed width」《固定幅を使用する場合にエディターを中揃え》：Ⓑがオンのとき、本文をエディター中央に表示します。オフにすると左寄せになります。

Ⓓ「Editor margins：Left/Right」：エディターの左右それぞれの余白を指定します。

Ⓔ「Editor margins：Top/Bottom」：エディター全体の上下それぞれのマージンを設定します。連結表示にしたときは、最初と最後のテキストの上下にのみマージンが作られます。

4-2 本文表示をカスタマイズする　159

設定はピクセル単位で可能ですが、実際には右側に余白ができたりするので、厳密に設定するよりも、使用するディスプレイなどとの兼ね合いで気分よく使える幅を設定するのがよいでしょう。

次の図は、前の図の通りに設定したところです。解説のためにやや極端な値を設定し、エディター領域の外側にグレーを設定しています（手順は「4.2.3 エディターの色づかいを設定する」を参照）。設定を反映するには、「Options」ウィンドウで「適用」ボタンをクリックした後に、バインダーで別の箇所へ移動するなどして画面表示を更新してください。

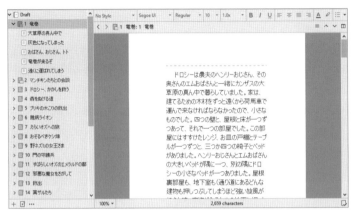

エディターの表示幅を狭め、マージンを広く取り、外側を暗くした例

3 エディターの色づかいを設定する

エディターの背景や本文、選択中の本文などの色をカスタマイズできます。また、エディターの外側は色を指定するほかに画像も配置できます。これらを設定するには、[ファイル]→[Options...]を選び、「Appearance」→「Main Editor」→「Colors」カテゴリーを選びます。

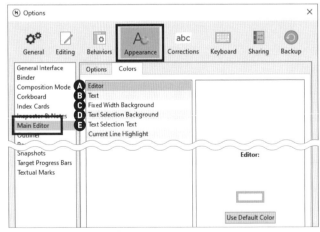

エディターの色づかいを変える設定

Ⓐ「Editor」：本文を書くエディター領域の背景色です。

Ⓑ「Text」：本文の文字の色です。

Ⓒ「Fixed Width Background」：エディター領域の背景（外側）の色です。色ではなく画像を指定するにはウィンドウ右側で「Choose Texture...」ボタンをクリックして画像ファイルを選びます。

Ⓓ「Text Selection Background」：テキストを選択したときの背景色です。

Ⓔ「Text Selection Text」：テキストを選択したときの文字の色です。

次の図は、前図の**Ⓐ**をダークグレーに、**Ⓑ**を白に、**Ⓒ**に画像を配置した例です。エディターの幅は解説のために狭めています。なお、ウィンドウ全体の色づかいをかえるには「テーマ」機能も検討してください（「2.6.4 テーマで基本的な見栄えを変える」を参照）。

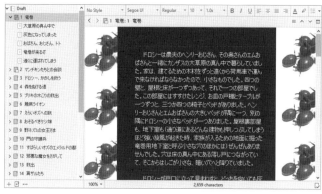

エディターの背景に写真を設定し、背景を暗く、本文を白にした例

4 | 現在の行を強調表示する

いま編集中の行の背景に色をつけて強調表示できます。編集中の行を見失いやすいときは薄い色を設定するとよいでしょう。これには、[ファイル]→[Options...]を選んでから、「Appearance」→「Main Editor」→「Options」カテゴリにある「Highlight current line」《現在のラインをハイライト》オプションをオンにします。

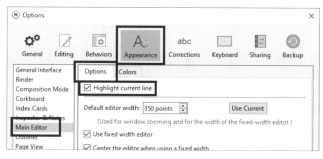

強調表示（ハイライト）の設定

背景色を変えたいときは、隣の「Colors」タブの末尾にある「Current Line Highlight」で設定します。

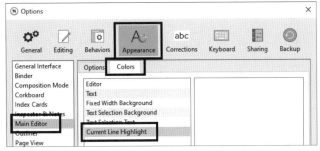

現在の行を強調表示する設定

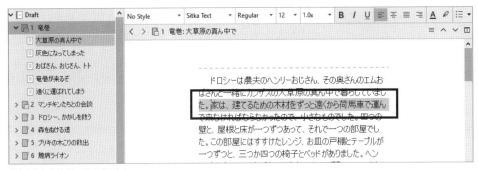

現在の行を色付けして強調表示した

5 不可視文字を表示する

　改行やタブなどの不可視文字を表示するには、[表示]→[テキスト編集]→[隠し文字を表示]オプションをオンにします。隠すには再度同じメニューを選びオフにします。半角スペースはグレーの点が現れますが、全角スペースは何も表示されないので注意してください。

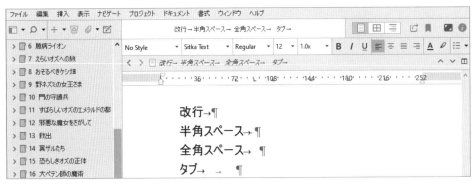

不可視文字を表示する

4-3 文字数を数える

文字数を数える方法には、部分的に数えるものからプロジェクト全体を数えるものまで、さまざまあります。日本語の伝統的な数え方には不向きなので、あくまでも目安として使うのがよいでしょう。

1 フッターバーの文字数表示

　ドキュメント表示や連結表示では、選択中のアイテム、つまり、いまエディターに表示している文章の合計文字数を、フッターバーにリアルタイムで表示します。連結表示の場合は、連結されたテキストの合計になります。もしも単語数が表示されているときは設定を変更してください（「1.4.5 寸法と文字数の単位を変更する」を参照）。

　文字列を選択すると、その範囲の文字数が表示されます。このときの「of 文字数」は、「（全体で）～文字のうちの」という意味です。

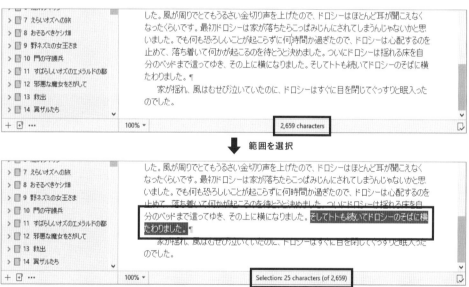

フッターバーにリアルタイムで文字数を表示する

　より詳しい文字数を2段階で表示することもできます。まず、フッターバーにポインタ（マウスの矢印）を乗せて待っていると、より詳しい文字数を表示します。さらに、クリックすると段落数などもあわせて表示します。

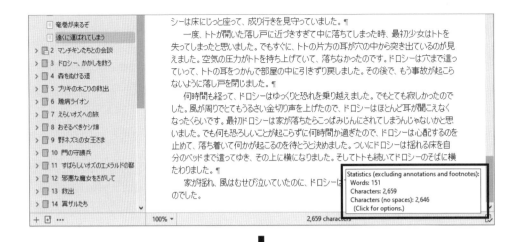

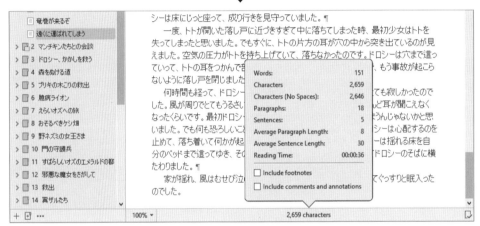

フッターバーにポインタを乗せたときに現れる表示（上図）と、クリックしたときに現れる表示（下図）

NOTE 文字数を数える機能は、そもそも日本語に配慮していないと思われるので、参考程度に使うのがよいでしょう。数えない文字を指定するようなカスタマイズもできません。文字数を厳密に数える必要があるときは、出力して別のアプリで数えることをおすすめします。

2 行番号を表示する

　行番号を表示できます。これには、［表示］→［テキストの編集］→［行番号を表示］オプションをオンにします。5行ごとに表示するには、さらに［表示］→［テキストの編集］→［五行ごとに表示］オプションをオンにします。いずれも、表示を隠すには再度同じメニューを選んでオプションをオフにします。コマンド名は「行番号」ですが、実際には段落番号です。

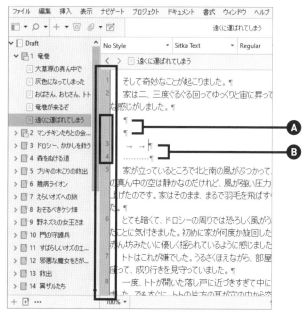

行番号を表示した例

Ⓐ 文字がない段落は無視されます。

Ⓑ タブやスペースのみの段落は数えられます。

NOTE

［行番号を表示］オプションをオンにしても、ドキュメント表示では表示されますが、連結表示のときには表示されません。これはバグと思われます（Ver.3.0.1での動作）。

3 原稿全体の文字数を数える

　原稿全体の文字数を数える方法には2つあります。どちらの方法でも、「Draft」フォルダ内のアイテムに含まれている文字数を数えます。原稿を「Draft」フォルダの外に置いていると数えられないので注意してください。

● 文字数を簡易的に数える

　原稿全体の文字数を簡易的に数えるには簡単な方法がありますが、初期設定では単語数で表示されるため、プロジェクトごとに1度だけ準備が必要です。［プロジェクト］→［プロジェクトの目標値］を選び、2つのメニューを「words」《単語数》から「chars」《文字数》へ変更して、ウィンドウを閉じてください。

オズの魔法使い1 Project Targets

Draft Target

95,889 of b chars ▼

Session Target Reset

219 of 0 chars ▼

Options...

原稿の文字数を数える準備

　以後は、ツールバー中央にある領域へポインタ（マウスの矢印）を重ねるだけで、文字数がリアルタイムに反映されます。この領域をクリックすると検索機能になるので、クリックしないでください。押してしまった場合は「Esc」キーを押します。

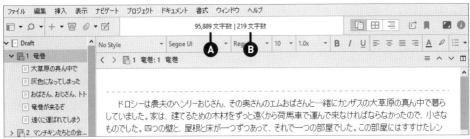

原稿の文字数を表示する

Ⓐ 原稿の総文字数を表示します。

Ⓑ 現在のセッションに執筆した文字数を表示します（セッションについては「5.3.1 プロジェクトの目標文字数を設定する」を参照）。

NOTE
このようなプロジェクトごとに1度だけ必要な設定は、その設定を済ませた上でプロジェクトテンプレートとして保存すると便利です（「2.6.3 プロジェクトのテンプレートを自作する」を参照）。

● 文字数を詳細に数える

　原稿全体の文字数を詳細に調べるには、［プロジェクト］→［テキストの解析］を選びます。日本語の作品では意味のない項目が多いですが、必要に応じてほかの方法と使い分けてください。

　この画面に特有の機能で日本語作品でも有用そうな機能は、文字数から書籍のページ数を簡易的に割り出すものです。改行の多少は考慮されませんが、目安としては十分でしょう。1ページ当たりの文字数は「設定」タブの中で設定できます。

　この画面の「Pages (paperback)」は、書籍に換算したときのページ数を簡易計算したものです。この計算で使う「1ページ当たりの文字数」を設定するには、「設定」タブへ切り替えて、「ページカウン

トのオプション」の見出しを次の図のように設定し、「OK」ボタンをクリックしていったんウィンドウ
を閉じ、再度 [プロジェクト] → [テキストの解析] を選びます。

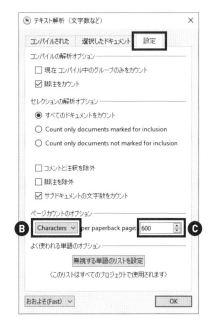

プロジェクト全体の文字数と設定

「Pages (paperback)」：「ペーパーバックでのページ数」という名前ですが、単に「書籍になった
　ときのページ数」と考えればよいようです。

「Characters」：《文字数》へ変更します。

1ページ当たりの文字数を指定します。たとえば、一般的な日本語の文庫本は1ページあたり約
　600文字といわれます。ジャンルなどによって調整してください。

フォントの種類やサイズ、段落の字下げ量、行や段落の間隔などを設定できます。好みの設定ができたら初期設定として登録しましょう。すべての書式を削除して初期設定へ戻す方法は複数あります。

1 書式とスタイルの基礎知識

この節では、本文のフォントの種類、サイズ、装飾などを設定する「書式」（フォーマット）や、それらをまとめて扱う「スタイル」に関係する機能を紹介します。

Scrivenerの書式とスタイルの機能は、一部の用語や細かな機能が多少異なる点を除けば、InDesignのようなDTPアプリや、Wordのようなワープロで広くサポートされているものと基本は同じです。

● 書式とスタイル

Scrivenerでは一般的なワープロなどと同様に、フォントを変える、背景色をつける（マーカーを引く）、中央に揃えるなど、書式や装飾に関係する設定を行えます。Scrivenerのプルダウンメニューにならって、本書ではこれらをまとめて「書式」と呼ぶことにします。

さらに、書式のさまざまな設定を組み合わせたものを「スタイル」として登録できます。たとえば、「游ゴシック、32ポイント、文字は白色、背景はダークグリーン」という4種類の書式設定を、「見出し-章」という名前をつけてスタイルとして登録できます。

スタイルを使う利点は、おもに2つあります。

1つは、複数の書式設定を「スタイルを適用する」という1度の操作で済ませられることです。これにより、操作ミスや適用忘れを減らすことにも役立ちます。

もう1つは、スタイルの内容を更新するだけで、本文中ですでに適用した箇所にも新しい設定が反映されることです。たとえば、いったん上記の内容で「見出し-章」スタイルを作成し、それを本文中のすべての章見出しに適用したとします。その後に、ダークグリーンではなくダークブルーがよいと考えを変えた場合は、「見出し-章」スタイルの登録内容を更新するだけで、すでに適用したすべての箇所にも反映されます。これにより、たくさんの適用箇所を探して修正して回る手間がなく、見落としもありません。実際に適用して検討する試行錯誤も簡単になります。

なお、スタイル設定に含められるのは、フォントの種類とサイズ、文字装飾、インデント設定、1行目のインデント量、タブ送り量の設定、行揃え、行間、段間などです。

機能を持っていますが、本書では原稿を執筆する作業に焦点を当て、レイ...の紹介は必要最低限にとどめます。Scrivenerには縦書きやルビなどの日...ませんし、図の回り込みや段組のような機能もありません。推敲に使うよ...もかく、販売・頒布するようなレベルではWordや一太郎のようなワープ...TPアプリを使うほうが現実的だからです。また、いったんウィンドウを閉...使い勝手もあまりよくありません。このため、本書では執筆の環境づくり...なお、スタイルに関するメニューは[書式]→[スタイル]以下にあります。

2

基本的...ます。使い方は一般的なワープロと同じですので、ここでは簡単に...

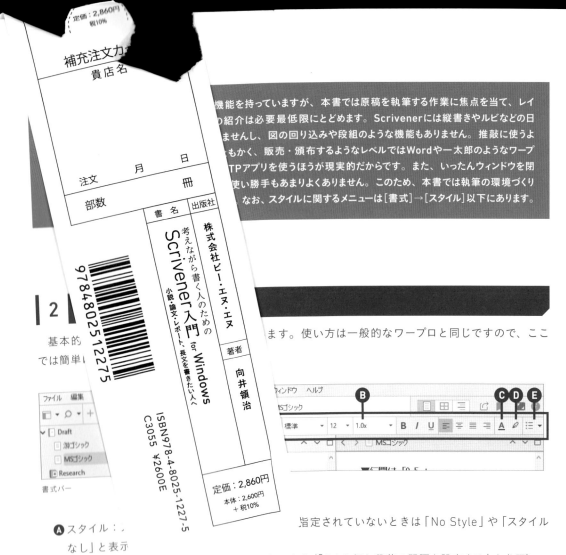

書式バー

Ⓐ スタイル：...　　　　指定されていないときは「No Style」や「スタイルなし」と表示

Ⓑ 行間：行間をフォントサイズの倍数で設定します（「4.4.3 行と段落の間隔を設定する」を参照）。

Ⓒ テキストカラー：文字の色を設定します。直前に選択したものと同じ色を適用するにはクリックします。異なる色を使うには、長押ししてリストから選びます。

Ⓓ ハイライトカラー：ハイライト（文字の背景）になる色を設定します。操作方法はⒸと同じです。

Ⓔ リスト：リストの先頭記号を設定します。右隣の▼をクリックするとメニューを表示します。

3　行と段落の間隔を設定する

行の間隔を設定するには、書式バーの行間設定のボタンをクリックして倍数を選びます。日本語の文章ではフォントの種類によって実際の間隔が変わってしまうため、目分量で設定するほうが現実的です。次の図は同じ文章を、さまざまな行間で設定するとともに、フォントを変えて分割表示で並べたものです。

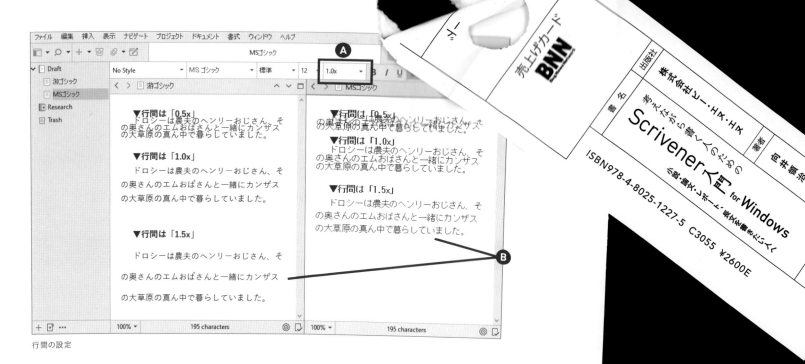

行間の設定

Ⓐ クリックして行間の値を選びます。

Ⓑ 左は「游ゴシック」、右は「MSゴシック」です。行間設定やサイズが同じでも、フォントが異なると見た目は大きく変わります。

ブログ風に段落の間隔をあけたい場合は、書式バーの行間設定のボタンをクリックして末尾にある [Other...] を選びます。ウィンドウが開いたら「段落の後」欄に数字を入力して「OK」ボタンをクリックします。

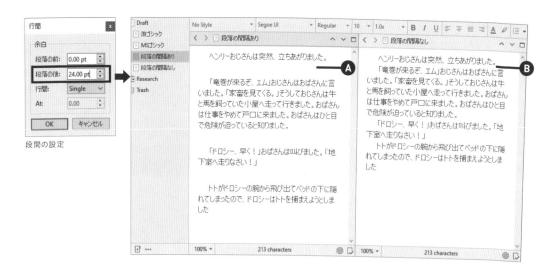

段間の設定

NOTE Scrivenerも書式やスタイルの機能を持っていますが、本書では原稿を執筆する作業に焦点を当て、レイアウトに関係するこれらの機能の紹介は必要最低限にとどめます。Scrivenerには縦書きやルビなどの日本語の組版に必要な機能がありませんし、図の回り込みや段組のような機能もありません。推敲に使うような簡易的なレイアウトであればともかく、販売・頒布するようなレベルではWordや一太郎のようなワープロ、あるいはInDesignのようなDTPアプリを使うほうが現実的だからです。また、いったんウィンドウを閉じないと反映されないことも多く、使い勝手もあまりよくありません。このため、本書では執筆の環境づくりに関連する項目に絞って紹介します。なお、スタイルに関するメニューは［書式］→［スタイル］以下にあります。

2 書式バー

基本的な書式の設定は、書式バーから行います。使い方は一般的なワープロと同じですので、ここでは簡単に紹介します。

書式バー

Ⓐ スタイル：スタイルを設定します。スタイルが指定されていないときは「No Style」や「スタイルなし」と表示されます。

Ⓑ 行間：行間をフォントサイズの倍数で設定します（「4.4.3 行と段落の間隔を設定する」を参照）。

Ⓒ テキストカラー：文字の色を設定します。直前に選択したものと同じ色を適用するにはクリックします。異なる色を使うには、長押ししてリストから選びます。

Ⓓ ハイライトカラー：ハイライト（文字の背景）になる色を設定します。操作方法はⒸと同じです。

Ⓔ リスト：リストの先頭記号を設定します。右隣の▼をクリックするとメニューを表示します。

3 行と段落の間隔を設定する

行の間隔を設定するには、書式バーの行間設定のボタンをクリックして倍数を選びます。日本語の文章ではフォントの種類によって実際の間隔が変わってしまうため、目分量で設定するほうが現実的です。次の図は同じ文章を、さまざまな行間で設定するとともに、フォントを変えて分割表示で並べたものです。

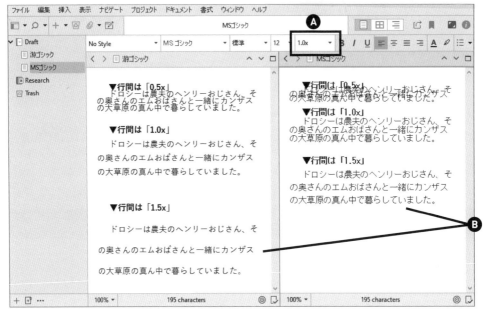

行間の設定

Ⓐ クリックして行間の値を選びます。

Ⓑ 左は「游ゴシック」、右は「MSゴシック」です。行間設定やサイズが同じでも、フォントが異なると見た目は大きく変わります。

　ブログ風に段落の間隔をあけたい場合は、書式バーの行間設定のボタンをクリックして末尾にある[Other...]を選びます。ウィンドウが開いたら「段落の後」欄に数字を入力して「OK」ボタンをクリックします。

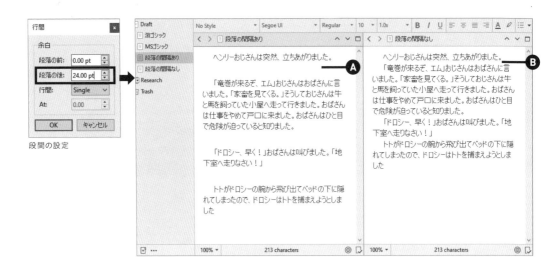

段間の設定

Ⓐ 本文は12pt、「段落の後」にはその2倍の24ptを設定しました。段落の後におおよそ1行分の間隔ができています。

Ⓑ 本文は12pt、「段落の後」は初期設定の「0」です。

4 インデントとタブの幅を設定する

インデント（字下げ）とタブの幅を設定するには、「ルーラー」（定規）を使っておおまかに指定する方法と、ダイアログを使って正確に数値指定する方法があります。操作としては後者のほうが簡単ですが、視覚的に分かりづらいので前者から紹介します。

◉ ルーラーを使って設定する

ルーラーは初期設定では非表示ですので、［表示］→［テキストの編集］→［ルーラー］を選び、オプションをオンにします。隠すには同じコマンドを選んでオフにします。ルーラーには3種類のマークがあり、これらを左右へドラッグして位置を調整できます。また、不要なタブストップ（タブ幅の位置）を削除するには、下へ引きずり下ろすようにドラッグします。

マージンやタブの設定は段落に対して行うため、設定を変更すると、いまカーソルが置かれている段落に対して設定されます。

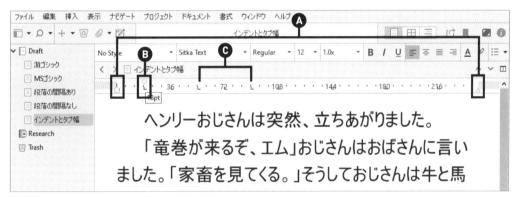

ルーラーを使った字下げ幅の設定例（解説のため表示を200%に拡大）

Ⓐ 左端と右端でマージンを設定します。通常、動かす必要はありません。

Ⓑ 各段落の1行目のマージンを設定します。段落冒頭の字下げ量を設定するのはこれです。

Ⓒ タブ幅を設定します。タブの機能は一般的なものですので省略します。

◉ ダイアログを使って設定する

ダイアログを使って設定するには、［書式］→［Paragraph］→［タブとインデントの設定］を選びます。なお、初期設定での単位は「inch」ですが、書式やエディターを設定するには文字と同じ「Points」を単位とするほうが便利です（手順は「1.4.5 寸法と文字数の単位を変更する」を参照）。

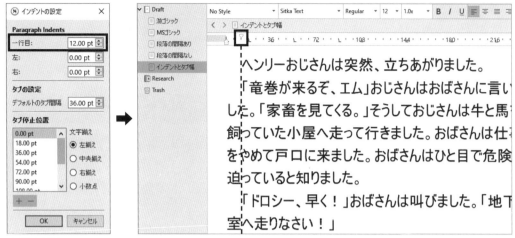
インデントの設定

　重要なのは「一行目」の設定です。1行目だけに設定するインデントとは、段落先頭の字下げ幅のことです。執筆スタイルに合わせて設定してください。

- 自分で全角スペースを入力して字下げする、または、ブログ風に字下げしない……「0」に設定する。
- 自分では全角スペースを入れないが、1字下げしたように表示したい……本文と同じサイズを指定する。たとえば本文が12ptであれば、ここにも「12」と指定する。
- 執筆中は見やすさのため、数文字分字下げしたい……好きな値を設定する。たとえば本文が12ptであれば、2文字分の字下げをしたいときは「24」、3文字分であれば「36」と指定する。

COLUMN　コンパイルを使えば執筆中は好みの環境を作れる

　段落冒頭に全角1文字分のアキを入れることによって段落の始まりであることを示す「字下げ」は、日本語の文章の伝統的な書き方です。しかし近年はメディアの多様化などに伴い、字下げをせずに、段落の間隔を広げることが増えてきています。たとえば、小説投稿サイトではいまも字下げするほうが主流ですが、Webメディアでは新聞社でも字下げをせずに段間をあけるケースがあります。書き手の好みもさまざまで、字下げしたほうが書きやすい方と、しないほうが書きやすい方がいるようです。

　一般的に、原稿を執筆するときは、発表形態（刊行物）に近づけた状態を作ることが多く、字下げの有無や段落の間隔もそれに合わせる方が多いようです。

　一方、Scrivenerのコンパイル機能を使えば必要に応じて原稿を整理して出力できますが、字下げの有無にも応用できます。これにより、執筆中は自分の好みに合わせた書式を設定し、コンパイル時に整理して発表形態や依頼元の指示に合わせることができます（実例は「6.3 コンパイルフォーマットの実践例」を参照）。

たとえば筆者のエディター画面は、字下げは2文字分インデントして、段落の先頭を視覚的に強調しています。字下げのスペースは、原稿には入れていません。段間はやや広げています。この設定はまったくの好みによるものですが、発表形態や依頼元にかかわらずつねに同じ環境で執筆できるという利点があります。

　原稿を依頼元へ提出するときはコンパイル設定を変えることで、要望に応じてファイル形式や字下げスペースの有無などを適宜変更します。実際、同じIT系出版社でも字下げのルールはまちまちで、「必ず入れてほしい」という場合と、「スタイル機能で処理するので入れないでほしい」という場合があります。そこまで細かく指示されることがない場合でも、やはり適宜対応するほうが喜ばれます。

　このような違いをコンパイル機能で吸収して、執筆環境を自分の好みにできることも、Scrivenerの利点です。

　コンパイル機能で字下げする利点にはもう1つ、ルールに従って処理できるので、ミスがないことです。他人の原稿を編集していると、字下げのスペースを忘れていたり、半角2字で下げていたりすることが多くあります。これは、ワープロの自動インデント機能に頼っていたり、手作業で字下げしているために起きる問題です。

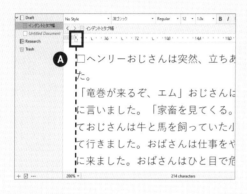

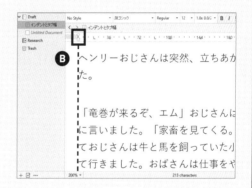

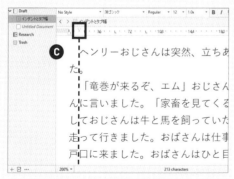

字下げや段間はコンパイル時に設定することにすれば、執筆中は書きやすいように設定してかまわない

Ⓐ 書き手が全角スペースで1字下げする例です（図ではスペースの代わりに四角形を入れています）。1行目のインデント幅はゼロ。小説では括弧で始まる段落は字下げしないことが通例です。

Ⓑ 執筆中は一切字下げせず、段間を広げた、ブログ風の例です。1行目のインデント幅はゼロ、段落の後に本文の2倍のサイズでアキを設定しています。

Ⓒ 実際にはスペースを入れていませんが、1行目のインデントで字下げしたように見せる例です。この設定では括弧で始まる段落も字下げされますが、コンパイル時に段落先頭の文字によって処理を分けることによって、字下げの設定を変えられます（「6.3.3 字下げを統一する」を参照）。

5 初期設定の書式を登録する

　この節ではさまざまな書式設定の機能を紹介してきました。これらの機能を使い、自分好みの書式を組み合わせてScrivenerの初期設定として登録すると、新しいテキストを作ったときに、最初からその書式で書き始められるようになります。

　初期設定の書式を登録する手順は次のとおりです。実際の文章に好みの書式を適用し、それを登録するという流れで作業します。

STEP
01

テキストに本文を書き、フォントの種類、フォントのサイズ、1行目のインデント量、行と段落の間隔などを好みのとおりに設定します。必要であれば、それ以外の書式も設定してください。
設定する範囲は、段落1つ分でかまいません。1つのテキストに複数の段落があっても、段落1つだけ設定すれば十分です。

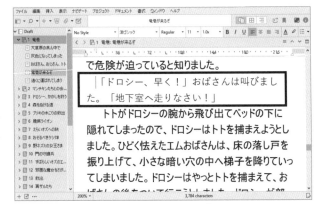

STEP
02

前のステップで設定した段落の中のいずれかをクリックしてから、［書式］→［Make Formatting Default］を選びます。このコマンドは、現在選択している段落を初期設定の書式として設定するものです。段落が対象ですので、カーソルが段落の中にあれば十分です（段落を範囲選択する必要はありません）。

STEP
03

ウィンドウが開いたら、アプリ全体の初期設定とするには「All Projects」《すべてのプロジェクト》ボタン、このプロジェクトだけの初期設定とするには「This Project Only」《このプロジェクトのみ》ボタンを、それぞれクリックします。

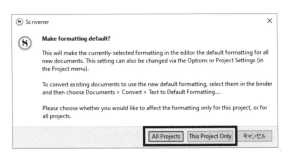

<table>
<tr><td>

STEP
04</td><td>新しいテキストを作成し、文章を入力してください。何も書式を設定しなくても、最初のステップで設定した書式と同じ表示になるはずです。</td><td>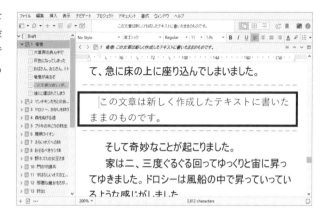</td></tr>
</table>

　これで、新しく作成したテキストについては好みの書式にできましたが、すでにあるテキストは更新されません。既存のテキストにも初期設定と同じ書式を設定するには、書式が何も設定されていない状態へ戻す必要があります。この手順は次項「4.4.6 書式を元へ戻す」で紹介します。

NOTE　アプリ全体の書式の初期設定を確認するには、［ファイル］→［Options...］を選び、「Editing」→「Formatting」カテゴリーを選びます。プロジェクトごとの書式の初期設定を確認するには、［プロジェクト］→［プロジェクトの設定］を選び、「Formatting」カテゴリーを選びます。どちらのウィンドウの中でも直接書式を設定できますが、サンプルの文章を変更できないうえに英文ですので、本文で紹介した手順をおすすめします。

┃ 6 ┃ 書式を元へ戻す

　長文作品では基本的にほとんどの本文は同一の書式を使いますが、執筆の途中で初期設定の書式を変更したり、別のプロジェクトからコピーしたテキストや、別の文書から書式つきの文章をコピー＆ペーストするなど、何らかの理由で意図せず書式が変わってしまうことがあります。このようなときは、追加設定された書式を解除して、何も設定をしない、初期設定の書式へ戻す操作が必要です。

　以下、本項では書式を元へ戻す3つの方法を紹介します。

●「スタイルなし」を指定する

　特定の箇所のスタイルを解除して、初期設定のフォーマットへ戻すには、目的の段落をクリックしてカーソルを置いてから、フォーマットバーの「スタイルなし」（または「No Style」）を選びます。数段落程度の修正であれば、この方法がよいでしょう。たとえば、次ページの図のような状態の本文があるとします。

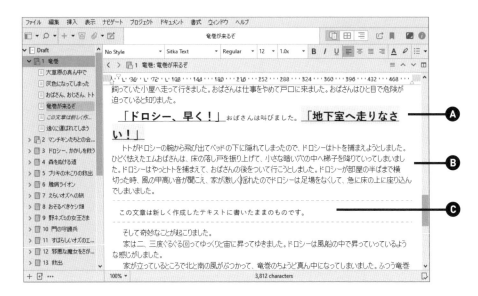

Ⓐ この段落には、フォントサイズが変わっていたり、マーカーが引かれている部分があります。

Ⓑ この段落は、追加の書式は設定されていませんが、自分で作成した書式を初期設定として登録する前に書いていたので、自分用のものとは違います。

Ⓒ 自分で作成した書式で、自分用の初期設定と同じです。つまり、この段落と同じ書式になればよいことになります。

　書式を元へ戻したい範囲を選択してから、フォーマットバーの「スタイルなし」を再度選ぶと、自分用の初期設定と同じになります。初めから「スタイルなし」になっている場合でも、再度設定してください。見た目が違うということは、実際には何らかの書式が追加設定されているはずだからです。

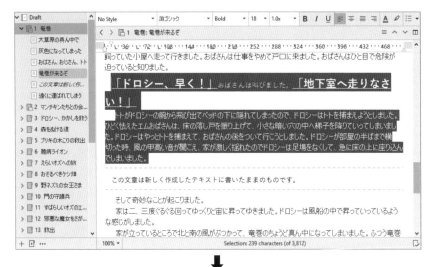

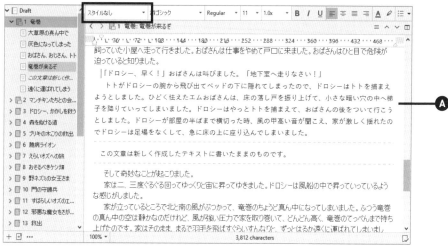

スタイルを解除するには「スタイルなし」を選ぶ

Ⓐ 選択していた範囲の書式が自分用の初期設定と同じになりました。

◉ 選択したテキスト全体の書式を初期設定へ戻す

　段落ではなく、選択したテキスト全体を初期設定の書式へ戻すには、バインダーで目的のアイテムを選んでから、[ドキュメント] → [書式の変換] → [Text to Default Formatting...] を選びます。ウィンドウが開いたら、「全ての書式を解除」オプションをオンにしてから「OK」ボタンをクリックします。

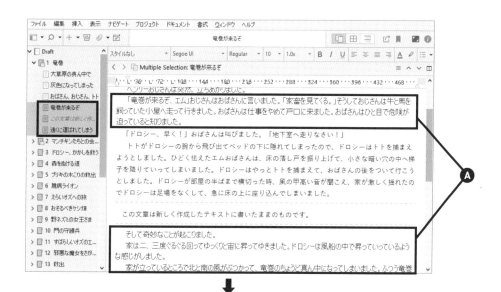

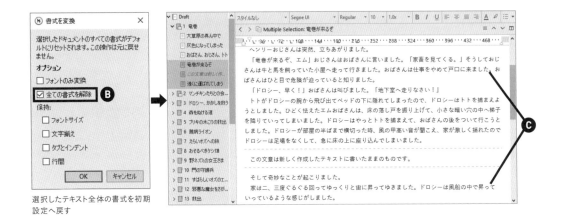

選択したテキスト全体の書式を初期
設定へ戻す

Ⓐ 初期設定に設定した書式と、そうでない書式が混在しています。

Ⓑ 「全ての書式を解除」のみオンにします。

Ⓒ バインダーで選択していたテキストすべてが初期設定に登録した書式になりました。

　前記の操作は、対象とするすべてのテキストをバインダーで選ぶ必要があります。フォルダやファイルグループを選んでも、その下位のアイテムは対象にならない点に注意してください。

　もしも「Draft」フォルダ内のすべてのテキストの書式を初期設定へ戻すには、まずバインダーで「Draft」フォルダをクリックし、[編集] → [選択] → [Select "included" Subdocuments] を選んでから前記の手順を実行します。

◉ ペースト時にフォーマットを合わせる

　ほかのワープロで作成した文書やWebページなど、書式が設定されている文章をコピーしてScrivenerへ移り、[編集] → [貼り付け]（キーボードショートカットは「Ctrl＋V」キー）を選んでペーストすると、元の書式が維持されます。

　これを防ぐには、[編集] → [スタイルを合わせて貼り付け] を選びます。キーボードショートカットは「Ctrl＋Shift＋V」キーです。

　ただし、前後の状態などによってはこれでも書式が変わってしまう場合があります。そのときは、本項の中で紹介した別の方法を使ってみてください。

4-5 執筆を補助する機能

本文の執筆を補助するさまざまな機能をまとめて紹介します。どんなジャンルを執筆する方でも、一通り試してから、必要そうなもの、好みに合うものを使ってください。

1 暗転表示で執筆に集中する

執筆にとくに集中するための機能として、「Composition Mode」があります。訳されていないので、本書では「執筆モード」と呼ぶことにします。執筆モードへ切り替えると、いまバインダーで選択されているアイテムをドキュメント表示または連結表示で画面いっぱいに表示し、画面を暗転します。エディターの外側の暗さを調節したり、画像を設定することもできます。

執筆モードへ切り替えるには、[表示]→[Composition Mode]を選ぶか、ツールバーにあるボタンをクリックします。キーボードショートカットは「F11」キーです。

執筆モードを終わるには、かな漢字変換待ちの文字がない状態で「Esc」キーを押すか、画面下端へポインタを寄せると表示されるツールバーの右端にあるボタンをクリックします。

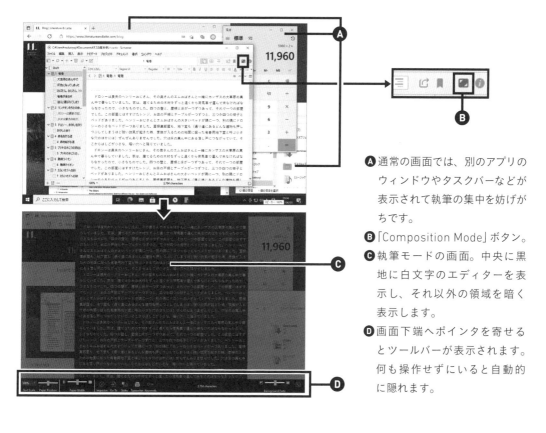

Ⓐ 通常の画面では、別のアプリのウィンドウやタスクバーなどが表示されて執筆の集中を妨げがちです。

Ⓑ 「Composition Mode」ボタン。

Ⓒ 執筆モードの画面。中央に黒地に白文字のエディターを表示し、それ以外の領域を暗く表示します。

Ⓓ 画面下端へポインタを寄せるとツールバーが表示されます。何も操作せずにいると自動的に隠れます。

執筆モードの色づかいをカスタマイズするには、［ファイル］→［Options...］を選び、「Appearance」→「Composition Mode」→「Colors」カテゴリーを選びます。たとえば、エディター以外の領域に画像を配置するには、「Screen Background」を選び、「Choose Texture...」ボタンをクリックして画像ファイルを選択します。細かくなるので個々の設定の解説は省略します。

執筆モードの設定

執筆モード中に表示されるツールバーの機能は次のとおりです。

Ⓐ「Text Scale」：表示倍率を調節します。

Ⓑ「Paper Position」：画面上でエディターを表示する位置を移動します。スライダーを左右へドラッグすると、エディターの領域を画面左右へ移動します。「Alt」キーを押しながら操作すると、上下方向に移動します（あらかじめⒸを使って上下方向に縮めておく必要があります）。

Ⓒ「Paper Width」：画面上でエディターを表示する幅を伸縮します。「Alt」キーを押しながら操作すると、上下方向に伸縮します。

Ⓓ「Inspector」：インスペクターをフローティングウィンドウで表示します。

Ⓔ「Go To」：メニューから選んで別のドキュメントへ表示を移動します。ドキュメント表示のときはバインダーにあるすべてのアイテムを、連結表示のときは表示中のアイテム一覧から選べます。

Ⓕ「Styles」：スタイル一覧をフローティングウィンドウで表示します。

Ⓖ「Typewriter」：タイプライタースクロール機能のオン／オフを切り替えます（「4.5.3 入力する高さを固定する」を参照）。

Ⓗ「Keywords」：「キーワード」属性のインスペクターをフローティングパレットで表示します（「5.5.4

キーワードで分類する」を参照）。

❶ 文字数：クリックすると吹き出しで詳細な情報を表示します。

❿ 「Paper Fade」：背景（エディターの外側）の色または画像の濃さを調節します。図では、デスクトップや、Scrivener以外のアプリのウィンドウなどは完全に見えなくなっています。単色で塗りつぶすことも、まったく隠さないこともできます。ただし、背景は見えていても操作できません。

❸ クリックすると執筆モードを終了します。

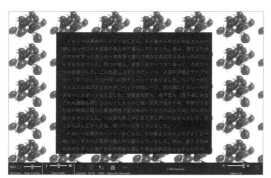
カスタマイズした執筆モード

◉ デュアルディスプレイを使った執筆

執筆モードを使ったときの難点は、バインダーが使えなくなるので、原稿のほかの場所や資料のウィンドウを多数開くのが難しいことです。

しかし、ディスプレイを2台つなげている環境であれば、若干のカスタマイズで対応できる場合があります。設定するには［ファイル］→［Options...］を選び、「Behaviors」→「Composition Mode」カテゴリーを選びます。

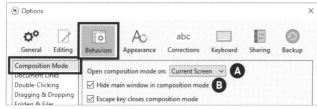
執筆モードのカスタマイズ

Ⓐ 「Open composition mode on」《執筆モードを〜で開く》：2台のディスプレイをつなげている場合に、執筆モードをどちらに表示するかを指定できます。

Ⓑ 「Hide main window in composition mode」《執筆モードではメインウィンドウを隠す》：オフにすると、執筆モードへ移っても、元のプロジェクトウィンドウを隠しません。

Ⓐにプロジェクトウィンドウが開いていないサブのディスプレイを指定し、Ⓑをオフにすると、プロジェクトウィンドウと、暗転表示の執筆モードの両方を表示して執筆を進められます。これなら、メイ

ンのディスプレイにプロジェクトウィンドウと多数のクイックリファレンスウィンドウを開いておけます
し、サブのディスプレイには執筆モードの画面を表示できます。

COLUMN 執筆用ディスプレイを縦置きする

　通常、ディスプレイは横向きに設置しますが、Scrivenerで執筆する場合は縦向きに設置することも検討し
てみてください。ウィンドウが縦長になるとバインダーで表示できるアイテム数が多くなり、エディターで表示でき
る範囲も長くなります。分割したいときは縦方向に分割するとよいでしょう。Scrivener以外でも、Webブラ
ウザやメールなど、長文を読み書きする用途では、縦向きのディスプレイは向いています。

　とはいえ、一般的な用途ではやはり横向きに設置するほうが便利ですし、ノート型のPCでは向きを変えら
れません。そこで、ScrivenerやWebページをはじめとした長文の執筆・閲覧用に2台目のディスプレイを追
加することを検討してみてください。最近はノート型でも、2台目のディスプレイを接続できる仕様のものが多く
あります。このような用途であれば、時代遅れになった17〜20インチ程度のものでも十分実用的ですし、新
品でも安価です。

---

2 アイテムごとの「ノート」属性を書く

　個別のアイテムに対して覚え書きをする汎用の場所として、「ノート」属性があります。「ノート」属
性を書くには、目的のアイテムを選び、[ナビゲート] → [Inspect] → [ノート] を選びます。または、
インスペクターを開いて「ノート」タブをクリックしても同じです。

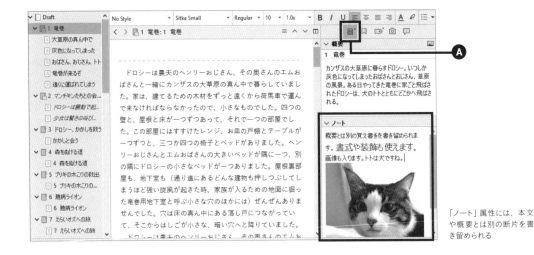

「ノート」属性には、本文
や概要とは別の断片を書
き留められる

A「ノート」タブ。右上にマークが付くのは、このタブに何らかの内容があることを示します。

　「ノート」属性の特徴は、「概要」とは異なり、太字や下線など、文字の装飾が可能であることです。また、エクスプローラーから画像ファイルをドラッグ＆ドロップして登録できますし、画像は複数登録できます。入力欄は狭いものの、汎用性は高く、機能としては本文に近いといえます。「ノート」という名前では具体的な用途がはっきりしませんが、むしろ、用途がはっきりしていない要素を何でも登録できるスペースと考えるのがよいでしょう。

　ただし、「ノート」を表示・編集するには、個別のアイテムを選んでインスペクタを選ぶ必要があります。アウトライン表示をカスタマイズしても表示できないので、すべての「ノート」を一望することもできません。

　このことから「ノート」は、「特定のテキストに書くことは決めているが、本文や概要とは別にしておきたい断片」や、「一時的に本文とは別のところへよけておきたい断片」などを書き留めておくのに適しているでしょう。

●「ノート」欄のカスタマイズ

　「ノート」欄の背景色はカスタマイズできます。これには、［ファイル］→［Options...］を選び、「Appearance」→「Inspector & Notes」→「Colors」カテゴリーを選び、「Notes Background」で指定します。

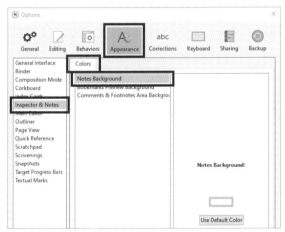

「ノート」属性の背景色の設定

3 入力する高さを固定する

　エディターで文章を入力する位置の下限を固定することができます。正確には、文章がウィンドウの高さに対して一定の長さを超えたときにスクロールを始めることによって、下端になる位置を固定するものです。Scrivenerではこの機能をかつての英文タイプライターにたとえて、「タイプライタースク

ロール」と呼びます。

　一般的な文書作成アプリケーションでは、文章を入力していき、ウィンドウいっぱいになったところで上へのスクロールが始まります。このため、長文を入力するときは視線の高さがウィンドウ下端まで移動していき、やがてウィンドウの下端に張りつくことになり、窮屈な気分にもなるかもしれません。タイプライタースクロールは、これを解消するとともに、視線の高さを固定するものです。

　タイプライタースクロールを使うには、エディターがアクティブのときに、［表示］→［テキストの編集］→［タイプライタースクロール］オプションをオンにします。キーボードショートカットは「Win＋Ctrl＋T」キーです。無効にするには再度このメニューを選びます。

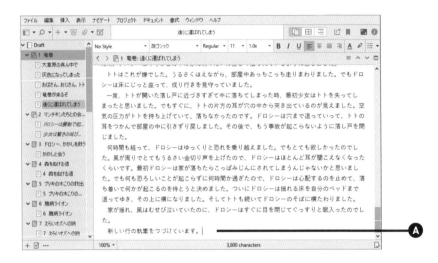

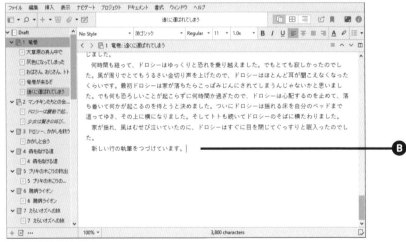

タイプライタースクロール

Ⓐ オフのときは入力行がウィンドウ下端に張りつきます。
Ⓑ オンにすると下に余白を作り、入力行の高さを固定するようにスクロールします。

4 プロジェクトウィンドウ内の配置を保存する

　エディターの表示形式や、バインダーやインスペクターの表示／非表示を必要のたびに切り替えるのは面倒ですが、配置をまとめて「レイアウト」として保存し、切り替えて利用できます。レイアウトは自作もできますし、サンプルも内蔵されています。

　レイアウトを管理するには、［ウィンドウ］→［レイアウト］→［Manage Layouts］を選びます。

「レイアウトの管理」ウィンドウ

Ⓐ 現在の状態を新規のレイアウトとして登録します。

Ⓑ ウィンドウ内で選択したレイアウトを削除します。

Ⓒ クリックしてメニューを開きます。

Ⓓ 「選択したレイアウトを更新する」：選択したレイアウトを、現在の状態で上書きします。

Ⓔ 「Hide Built-In Layouts in Menus」《ビルトイン（内蔵）のレイアウトをメニューでは隠す》：オフにすると、初めからインストールされているレイアウトをメニューに表示します。

　登録したレイアウトは、［ウィンドウ］→［レイアウト］以下に表示されるようになります。レイアウトを切り替えるだけであれば、ウィンドウを開く必要はありません。

>
> **NOTE**
> プロジェクトウィンドウのレイアウトはカスタマイズ性が高く、まったく別のアプリのように使うこともできます。内蔵レイアウトは活用のヒントになるので、どのような発想やワークフローで使うことが想定されているのか考えてみてください。元のレイアウトへ戻すには「Default」を選びます。

レイアウトの切り替えはメニューから行える

（画像内テキスト）

ウィンドウ　ヘルプ
最小化
最大化
レイアウト　　　　　　　▶　　Manage Layouts...　　Ctrl+)
Themes　　　　　　　　▶　　☐ Default
Scratchpad　　Alt+Shift+Return　　☐ Three-Pane (Outline)
最前面に移動　　　　　　　　　　☐ Three-Pane (Corkboard)
　　　　　　　　　　　　　　　☐ Editor Only
Float Window　　　　　　　　　☐ Corkboard Only
Float Quick Reference Panels　Win+Shift+Q　☐ Centered Outline
✓ オズの魔法使い1　　　　　　　☐ Dual Navigation
　　　　　　　　　　　　　　アイデア出し〈アウトライン〉
　　　　　　　　　　　　　　アイデア出し〈カード〉
　　　　　　　　　　　　　　ベーシック
　　　　　　　　　　　　　　執筆集中
　　　　　　　　　　　　　　資料読み

Ⓐ 内蔵のレイアウト
Ⓑ 自作したレイアウト

5 キーボードショートカットをカスタマイズする

キーボードショートカットをカスタマイズできます。設定を行うには、[ファイル] → [Options...] を選び、「Keyboard」カテゴリーを選びます。

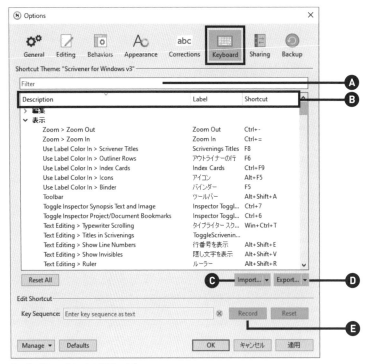

キーボードショートカットのカスタマイズ

Ⓐ 入力した語句で絞り込みます。

Ⓑ 見出し行をクリックして並べ替えられます。

Ⓒ 内蔵の「Windows v3」「Windows v1」「Mac」のセット、または、外部のファイルを読み込みます。

Ⓓ 現在のセットをショートカットの設定として、または、プレーンテキストとしてファイルへ書き出します。

Ⓔ 新しいショートカットの記録を始めます。

好みのショートカットを割り当てる手順は次のとおりです。

① 一覧表から目的のコマンドを探してクリックします。

② 前図Ⓔのボタンをクリックします。

③ 割り当てたいショートカットを実際に押します。すると左隣の「Key Sequence」欄に表示されます。もしも同じショートカットがほかのコマンドに割り当てられているときは、赤い文字で「Key sequence has potential conflicts.」《キーの組み合わせは潜在的に競合しています》と表示されます。②からやり直してください。

ただし、ユーザーガイドによれば、現在のバージョン（Ver.3.0.1）では、何もショートカットが割り当てられていないコマンドに対して、新しく割り当てることができない場合があり、この問題は将来のバージョンで対応するとされています。

NOTE キーボードショートカットが使えないように見えたときは、日本語入力プログラムをオフ（英数文字を入力する状態）にしてみてください。

6 録音ファイルから文字起こしをする

エディターを分割して、一方でテキスト、他方で音声または動画ファイルを再生すると、文章を編集しながら音声または動画の再生をキーボードショートカットで操作できます。アクティブなエディターを切り替えずに音声や動画を操作できるので、録音を聞きながらインタビューや講演などの内容を文章にする「文字起こし」の作業や、文字起こしされた文章の確認・修正に便利です。

エディターを分割して文章と音声を表示すると、音声ファイルを操作するキーボードショートカットを利用できる

(A)片方のエディターで本文を執筆します。
(B)他方のエディターで音声や動画を再生します。

図では上下に分割していますが、分割する方向や配置する位置は問いません。

操作に使うキーボードショートカットは次のとおりです。Ver.3.0.1では、[早送り][巻き戻し]が使えるのは音声だけでした。

- 再生／停止……[ナビゲート]→[メディア]→[メディアファイルを再生]／[メディアファイルを一時停止]（「Ctrl＋Return」キー）
- 2秒送る……[ナビゲート]→[メディア]→[早送り]（「Win＋Alt+[」キー）
- 2秒戻す……[ナビゲート]→[メディア]→[巻き戻し]（「Win＋Alt+[」キー）

音声または動画を再生するウィンドウの表示については「3.5.6 資料のファイルを表示する」を参照してください。一時停止すると、次に再生するときに一定秒数巻き戻してから再生を始めるオプションもあります。

Chapter

5

本文を書く・資料と管理編

原稿の執筆を脇で支えるさまざまな機能を紹介します。どの機能もカスタマイズ性が高いので、特徴を把握した上で自身の要望に合わせて活用してください。

検索と置換

置換と検索は文書作成アプリでは一般的な機能ですが、対象とする範囲やオプションに注意してください。あわせて、検索条件を保存できる「コレクション」機能を紹介します。

1 クイックサーチ

　プロジェクト全体を手早く検索するには、「クイックサーチ」が便利です。これには、ツールバーの中央にある欄をクリックし、文字を入力できる状態になったらキーワードを入力して「Return」キーを押します。または、[編集] → [検索] → [クイックサーチ] を選ぶか、キーボードショートカットの「Win＋Ctrl＋G」キーを押しても入力欄を開くことができます。

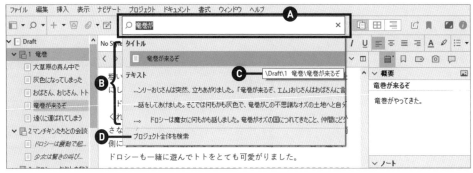

クイックサーチ

Ⓐ クリックして検索キーワードを入力し、「Return」キーを押して実行します。
Ⓑ 検索結果：見つかった箇所の前後の文章を一覧で表示します。「タイトル」「テキスト」などの見出しは、見つかった箇所による分類です。クリックするとその箇所をエディターで表示します。
Ⓒ 検索結果のパス：ポインタを重ねると、そのアイテムのパス（バインダーでの階層）を表示します。
Ⓓ 「プロジェクト全体を検索」：クイックサーチを終了し、プロジェクト全体の詳細検索へ切り替えます。

　クイックサーチで検索対象になるのは、アイテムの名前、テキストの本文、「概要」属性です。これら以外に登録されている場合は検索できません。ただし、原稿かそれ以外かの区別はされないため、「Draft」フォルダの外にあるアイテムも検索対象になります。
　なお、クイックサーチは簡易的な検索であるためか、キーワードの文言などによっては期待する結果が得られないことがあります。あるはずの記述が見つからない場合は、検索結果の末尾にある「プロジェクト全体を検索」を選んでください。

2 表示中のテキストを検索・置換する

いまアクティブなエディターに表示している範囲の本文を検索または置換するには、[編集]→[検索]→[Find...]を選びます。キーボードショートカットは「Ctrl＋F」キーです。すると「検索」ウィンドウが開くので、必要な設定や操作を行います。置換機能を使うと、状況によっては動作が不安定になることがあります。期待通りに表示が変わらなくなったら、いったんプロジェクトを閉じてください。

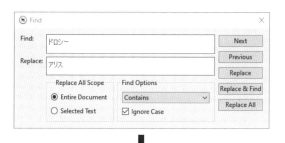

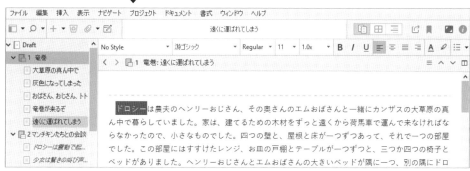

いまエディターに表示している範囲を検索または置換

該当個所が複数ある場合に1つずつ前後へ移動するには、[編集]→[検索]→[Find Next]または[Find Previous]を選びます。キーボードショートカットは「F3」または「Shift＋F3」キーです。

3 プロジェクト全体を検索する

プロジェクト全体を対象にして検索するには、「プロジェクトサーチ」を使います。これには、ツールバーの虫眼鏡アイコンをクリックします。同じ操作は、［編集］→［検索］→［Project Search］を選ぶか、そのキーボードショートカットである「Ctrl＋Shift+F」キーでも行えます。続いて、開いた入力欄に検索キーワードを入力してから「Return」キーを押します。

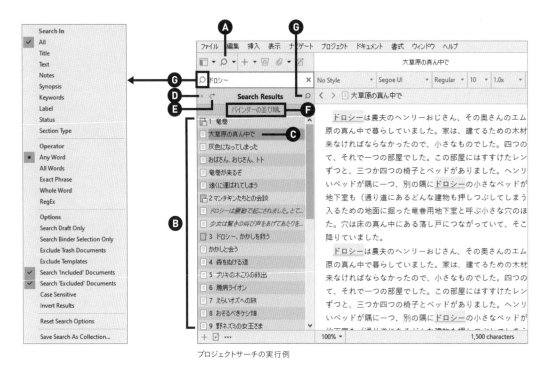

プロジェクトサーチの実行例

Ⓐ「プロジェクトサーチ」ボタン。右隣の▼をクリックするとそれ以外の検索方法を選べます。

Ⓑ 検索結果の一覧は、バインダーがある領域に「Search Results」《検索結果》の見出しとともに表示します。

Ⓒ クリックするとそのアイテムの内容をエディターに表示します。

Ⓓ 検索結果を閉じて、通常のバインダーを表示します。

Ⓔ 検索に該当したアイテムの一覧をエディターに表示します。アイテムを選択している状態と同じなので、連結表示、コルクボード表示、アウトライン表示にも切り替えられます。

Ⓕ 検索に該当したアイテムを並べ替える条件を選びます。クリックするとメニューが開いて選択できます。

Ⓖ 虫眼鏡のアイコンをクリックするとメニューが開き、検索対象や条件を細かく指定できます。ラベルやカスタムメタデータにかぎった検索、OR検索・AND検索の指定も可能です。

前図Ⓖのメニューを使うと、さまざまな検索オプションを指定できます。たとえば、複数のキーワー

ドをスペースで区切って入力すると、「Operator」カテゴリーが「Any Word」《いずれかの単語》であるときは「1つのテキストにいずれかの語句が含まれていればヒット」(OR検索)となり、「All Words」《すべての単語》であるときは「1つのテキストにすべての語句が含まれていればヒット」(AND検索)になります。

　検索機能を多用する方は、メニューのなかをひととおり確かめてみてください。なお、この機能を使った検索条件自体を「コレクション」として保存できます(「5.1.4 検索条件をコレクションとして保存する」を参照)。

4　検索条件をコレクションとして保存する

　プロジェクトサーチで使った検索条件を「コレクション」として保存できます。検索結果ではなく検索条件自体を保存できるので、検索条件を再度入力することなく、コレクションを選ぶだけで検索できます。選ぶたびに検索するので、対象となるアイテムの変化にリアルタイムに対応できます。コレクションは複数保存できます。

◉ コレクションを保存する

　検索条件をコレクションとして保存する手順は次のとおりです。まず、プロジェクトサーチを使った検索を行います。必要に応じてオプションを指定してください。

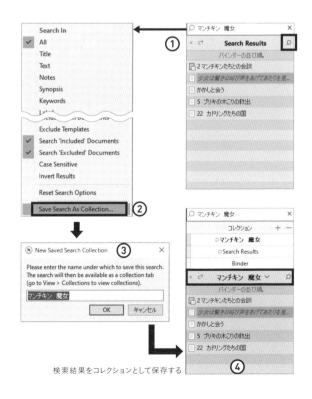

検索結果をコレクションとして保存する

① 検索欄にある虫眼鏡アイコン(前項「プロジェクト全体を検索する」の図 G)をクリックします。

② メニューが開いたら [Save Search As Collection...]《検索をコレクションとして保存》を選びます。

③ ウィンドウが表示されたら、コレクションの名前を入力して「OK」ボタンをクリックします。名前は好みで決めてかまいませんし、後で変更できます。

④ コレクションの一覧に、いま作成したコレクションが追加されます。

コレクションとして保存されると背景色が変わります。保存されたら、アイテム一覧の表示は閉じてもかまいません。

NOTE　コレクションにはもう1種類、任意のアイテムを手動で登録するタイプもあります（「5.5.6 コレクションで分類する」を参照）。

● コレクションを呼び出す

コレクションを保存すると、バインダーの領域にコレクションの一覧が表示されます。隠すには、［表示］→［コレクション］オプションをオフにします。再度表示するには同じメニューを選んでオンにします。また、ツールバーのメニューからも、コレクション表示のオン／オフを切り替えられます。

バインダーの領域は狭くなりますが、必要であれば、コレクションは表示したままでもかまいません。アイテム一覧との仕切りを上下へドラッグして高さを調節できます。

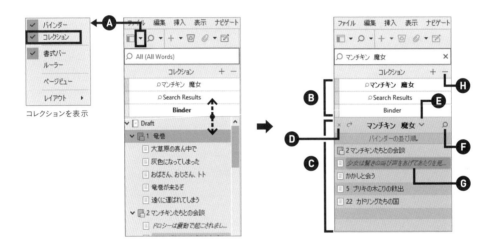

Ⓐ▼をクリックしてメニューからコレクションの表示／非表示を切り替えられます。

Ⓑ保存したコレクションの一覧／検索結果／バインダーを、クリックして切り替えられます。コレクションの名前をダブルクリックすると、名前を変更できます。

ⒸⒷでクリックした対象を表示します。コレクションを選べば、ここに検索結果の一覧を表示します。図はⒷの1段目にある「マンチキン 魔女」をクリックして再検索した状態です。

Ⓓ検索を終了してバインダーへ戻ります。

Ⓔ背景色を変更します。

Ⓕ同じ条件で検索を実行します。条件をわずかに変えて新しいコレクションを作るときに便利です。

Ⓖクリックすると、エディターに対象のアイテムの内容を表示します。該当個所は色で強調表示されます。状況によってはスクロールする必要があります。

Ⓗ選択中のコレクションを削除します。

5 プロジェクト全体を全置換する

プロジェクト全体を対象にして全置換するには、ツールバーの虫眼鏡アイコンの右側にあるメニューを開いて［プロジェクトの置換］を選ぶか、［編集］→［検索］→［プロジェクトの置換］を選びます。

ウィンドウが開いたら、置換する条件やオプションを指定してから「Replace」ボタンをクリックします。機能としては一般的なものですが、日本語化されていないので設定に注意してください。

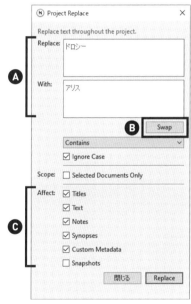

「プロジェクトの置換」ダイアログ

Ⓐ「Replace／With」《置換する／〜によって》：上の欄の語句を検索して、下の欄の語句で置換します。「XをYで置換する」(Replace X with Y) の意味です。

Ⓑ「Swap」《入れ替え》：Ⓐの欄に入力した語句を入れ替えます。

Ⓒ「Affect」《影響》：実行する対象を選びます。

実行前に「Project Replace cannot be undone.」《プロジェクト置換は取り消しできません》というメッセージが表示されます。もしも間違えて実行してしまったときは、ダイアログにあるとおり、すぐに「交換」ボタンを使って逆の置換を実行してください。必要があればバックアップを作るなどするとよいでしょう。

6 正規表現を使う

　検索または置換の機能では、多くの場合に正規表現を使うことができます。正規表現（Regular Expression）とは、文字列そのものではなく、文字列のパターンを検索条件として指定する方法です。英語を短縮して「RegEx」と表記されることもあります。

　たとえば本文中に「ユーザー」と「ユーザ」が混在しているため、「ユーザー」に統一したいとします。しかし「ユーザ」を検索して「ユーザー」へ置換すると、すでに「ユーザー」と書いた箇所は「ユーザーー」になってしまいます。

　正規表現では「指定した文字が0回または1回出現する」という指定を「?」という記号で表現できます。そこで検索条件を「ユーザー?」と記述すると、「ー」が0回出現する（つまり出現しない）「ユーザ」と、「ー」が1回出現する「ユーザー」の両方を検索できます。これを「ユーザー」へ置換すれば、1度の操作で単語を統一できます。

　正規表現を使う場合は、検索条件が正規表現を使ったものであることをオプションで指定する必要があります。たとえば「Ctrl＋F」キーで開く検索ウィンドウでは、次の図のように指定します。

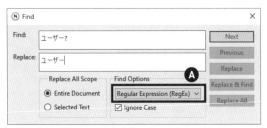

正規表現を使った検索条件の例

Ⓐ 正規表現を使うときは「Find Options」欄で「Regular Expression」を指定します。

　ほかにも正規表現では、段落の先頭や末尾、任意の1文字、指定したうちのいずれかの文字、数字やスペースといった文字種、などを指定できます。正規表現の細かなルールや活用法を解説すると1冊になるほどですので、詳細は専門書などを参照してください。

　また、正規表現を使った置換は、コンパイルを使った出力時にも利用できます。原稿を加工せずに必要な出力が得られるので、この方法も活用してください。本書では「6.3 コンパイルフォーマットの実践例」で、段落冒頭の字下げを統一するなどの例を紹介します。

NOTE　正規表現にはいくつもの仕様がありますが、Scrivenerの正規表現エンジンはQT5に由来し、Perl互換のPCREガイドラインに従ったものとされています。また、「$1」「$2」のようなドル記号を使って、検索結果を流用した置換ができます。

7 | 書式による検索

　本文に設定した書式を指定して検索できます。これには、［編集］→［検索］→［書式による検索］を選ぶか、ツールバーの虫眼鏡アイコンの右隣にある▼をクリックしてから［書式による検索］を選びます。

　対象にできる要素は次の図を参考にしてください。「検索」欄の設定に応じて、ウィンドウ下側で設定できるオプションが変わります。

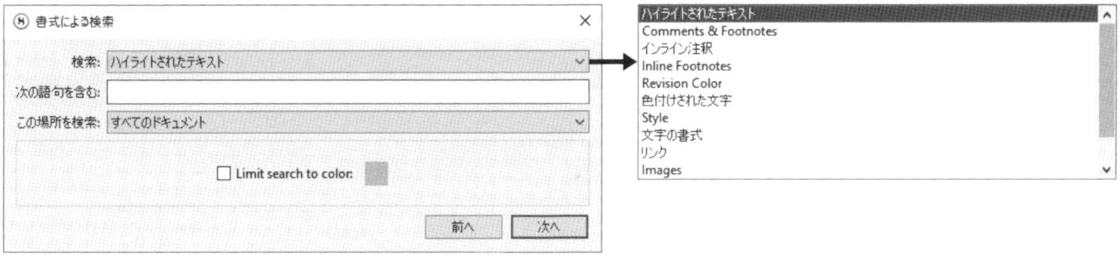

Ⓝ 書式による検索		×
検索:	ハイライトされたテキスト ▽	→
次の語句を含む:		
この場所を検索:	すべてのドキュメント ▽	
	☐ Limit search to color: ☐	
	前へ　　次へ	

ハイライトされたテキスト
Comments & Footnotes
インライン注釈
Inline Footnotes
Revision Color
色付けされた文字
Style
文字の書式
リンク
Images

書式を指定して検索する

5-2 資料を参照する

エディター分割とは別の方法で、資料やほかの箇所を参照する機能に「クイックリファレンス」と「コピーホルダー」があります。3つ以上のエディターを開きたい場合にも使えます。

1 資料やほかの箇所を参照する3つの方法

　プロジェクト内に読み込んだ資料や、原稿のほかの箇所を見ながら本文を書き進めるには、3つの方法があります。

①**エディターを分割して、一方に原稿、他方に資料などを表示する。**
②**プロジェクトウィンドウとは別にウィンドウを開く「クイックリファレンス」を使う。**
③**エディター内を分割して表示する「コピーホルダー」を使う。**

　もっとも簡単な方法は①で、エディターを分割し、アクティブなエディターを切り替えながら、バインダーで目的のアイテムを表示するものです（「4.1.3 エディター表示を分割する」を参照）。
　②のクイックリファレンスは、名前のとおり手早く参考資料を開くためのもので、プロジェクトウィンドウとは別に独立したウィンドウを必要な数だけ開き、アイテムの内容を表示する機能です。ディスプレイの広さに余裕があるときに向いています。
　③のコピーホルダーは、エディター内を分割して、別のアイテムの内容を表示する機能です（本来コピーホルダーとは、作業中に参考資料を見やすいように書類を立てておく文房具のことです）。プロジェクトウィンドウの中に表示するので、ノートPCで、すべての表示を1つのウィンドウに収めたいようなときに向いています。なお、エディターを分割するとコピーホルダーもそれぞれに表示できます。
　3つの方法は併用できますが、②クイックリファレンスと③コピーホルダーは、ともに1つのアイテムの内容だけを表示します。連結表示やコルクボード表示はできません。
　また、どちらもアイテムの内容を表示するだけでなく、テキストを編集することもできます。このため、エディターの分割表示に続く"第3のエディター"として使うこともできます。ただし、たくさんのエディターを開くことになるので、意図せず内容を書き換えないように注意してください。

NOTE クイックリファレンスまたはコピーホルダーは、1つのアイテムしか扱えないため、下位のアイテムを表示することもできません。このため、フォルダやファイルグループをそれらの機能で表示すると、アイテム自体に書かれた本文を表示します。執筆スタイルによっては本文がなくなったように見えるので注意してください。

2 クイックリファレンスを使って資料を参照する

◉ クイックリファレンスで開く

アイテムをクイックリファレンスで開くには、以下の方法があります。

- ［ナビゲート］→［Open Quick Reference］→［（目的のアイテム）］を選ぶ。
- バインダー、コルクボード表示、アウトライン表示のいずれかで目的のアイテムをクリックし、［ナビゲート］→［Open］→［クイックリファレンスとして］を選ぶか、または、ツールバーの「クイックリファレンス」ボタンをクリックする。先にアイテムをクリックするため、エディター表示を固定しない限り、エディターに表示するアイテムが変わってしまう。
- バインダーで目的のアイテムを探し、ツールバーの「クイックリファレンス」ボタンまでドラッグ＆ドロップする。エディターの表示が変わらないという利点はあるが、やや操作が難しい。この操作はコルクボード表示やアウトライン表示でも可能だが、ドラッグ中のアイテムが見づらい。
- クイックサーチ機能でアイテムを検索し、目的のアイテムにポインタを重ねてから［Shift＋Return］キーを押す（「5.1.1 クイックサーチ」を参照）

クイックリファレンスウィンドウは、複数開くことができます。開く操作を行うたびに、新しいウィンドウを開いて表示します。

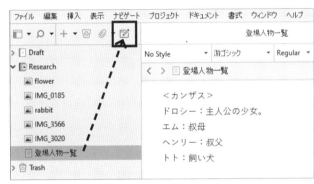

クイックリファレンスでアイテムを開く

● クイックリファレンスウィンドウの概要

クイックリファレンスウィンドウは次の図のようになっています。

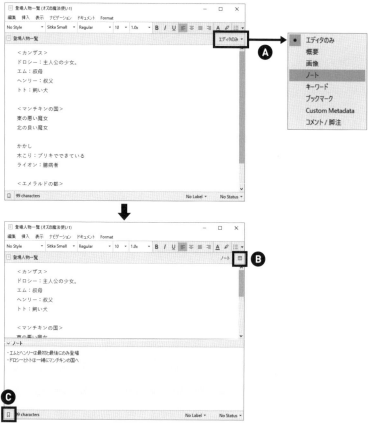

クイックリファレンスウィンドウ

Ⓐ メニューを開いて、指定した属性を表示できます。たとえば［ノート］を選ぶと、ウィンドウを分割してノートを表示します（下図参照）。

Ⓑ ウィンドウの分割方向を切り替えます。

Ⓒ ブックマークを開きます（「5.8.1 ブックマークでほかの箇所へジャンプする」を参照）。

ウィンドウを閉じる操作は通常のウィンドウと同じで、右上の閉じるボタンをクリックするか、最前面にあるときに「Ctrl＋W」キーを押します。

前図Ⓒをクリックすると開くブックマーク機能を併用する場合を除き、ウィンドウを開いたままほかのアイテムを表示することはできないので、必要でなくなったときは閉じてください。

クイックリファレンスウィンドウは、つねに最前面に配置できます。これには、［ウィンドウ］→［Float Quick Reference Panels］オプションをオンにします。再度選ぶとオフになります。オンにすると、ほかのアプリなどのウィンドウと重なったときでも隠されません。

3 | コピーホルダーを使って資料を参照する

◉ コピーホルダーで開く

アイテムをコピーホルダーで開くには、以下の方法があります。

- バインダー、コルクボード表示、アウトライン表示のいずれかで目的のアイテムをクリックし、［ナビゲート］→［Open］→［コピーホルダーに開く］を選ぶ。先にアイテムをクリックするため、エディター表示を固定しない限り、エディターに表示するアイテムが変わってしまう。

- バインダーまたはいずれかの表示で目的のアイテムを探し、「Alt」キーを押しながらエディターのヘッダーへアイコンをドラッグ＆ドロップする（「Alt」キーはドロップするときに押されていればよい。次図参照）。この方法はエディターの表示が変わらないという利点がある。

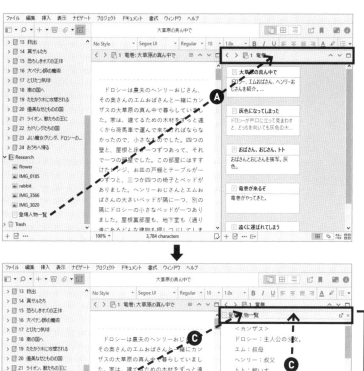

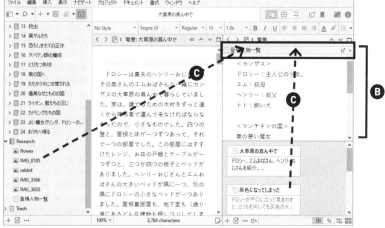

コピーホルダーでアイテムを開く

Ⓐ「Alt」キーを押しながらヘッダーへドラッグ＆ドロップします。

Ⓑ ドロップした側のエディターを分割して内容を表示します。

Ⓒ 続けて別のアイテムを表示したいときは、バインダーまたはいずれかの表示で目的のアイテムを探し、コピーホルダーのヘッダーへドラッグ＆ドロップします。このときは「Alt」キーを押す必要はありません。

◉ コピーホルダーの概要

コピーホルダーは次の図のようになっています。

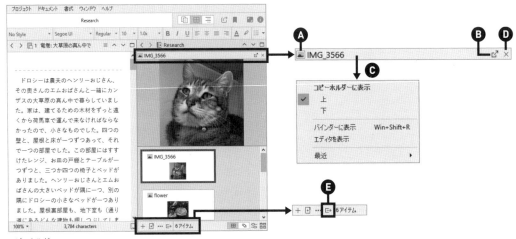

コピーホルダー

Ⓐ アイコンをダブルクリックすると、このアイテムをクイックリファレンスウィンドウで開きます。コピーホルダーは閉じません。

Ⓑ アイコンをクリックすると、このアイテムをクイックリファレンスで開き、コピーホルダは閉じます。

Ⓒ ヘッダーを右クリックするとメニューを開きます。エディター内でコピーホルダーを表示する位置を、上下または左右で入れ替えられます。

Ⓓ コピーホルダーを閉じます。

Ⓔ コルクボード表示またはアウトライン表示のときに現れ、ダブルクリックすると、選択したアイテムをコピーホルダーで表示します。

コピーホルダーで表示するアイテムは、いったん開いた後は、意図的に変更するまで変わりません。つまり、エディターに表示するアイテムを変更しても、自動的に連動して変わることはありません。

ただし、前図**Ⓔ**のボタンをダブルクリックすると、選択したカードやアウトラインの項目を、同じエディターのコピーホルダーで表示します。次々と資料を切り替えて確かめるようなときに便利です。

NOTE
内蔵レイアウト（「4.5.4 プロジェクトウィンドウ内の配置を保存する」参照）の「Dual Navigation」では、アウトライン表示と、それに連動するコピーホルダーが設定されています。

5-3 進捗状況を管理する

執筆した文字数を集計して進捗状況を自動的に管理できます。目標文字数や締切日を設定すると、1日あたりに必要な文字数を算出したり、Excelを使った集計も可能です。

1 プロジェクトの目標文字数を設定する

　本文の合計文字数と、1セッションで執筆した文字数を自動的に集計できます。ここでいうセッションとは1回の執筆として区切る期間のことで、一般的には1日間ですが、カスタマイズも可能です。

　さらに、合計文字数の目標や締切日を設定すると、全体や1日あたりの目標文字数とその達成度も自動計算できます。これには、[プロジェクト] → [プロジェクトの目標値] を選び、必要に応じて文字数やオプションを指定します。必要な値が設定されていない箇所は空欄になります。

総合計の文字数、目標達成度などを自動計算

Ⓐ 執筆した文字数の総合計です。

Ⓑ クリックして目標の総合計文字数を入力します。目標を設定しない場合は空欄でかまいません。

Ⓒ 単位を指定します。「chars」《文字数》へ切り替えてください。

Ⓓ 1セッションで執筆した文字数を自動集計します。

Ⓔ 1セッションあたりの目標の文字数を入力します。目標を設定しない場合は空欄でかまいません。Ⓑと締切日を設定したときは自動計算されるので、手入力はできなくなります。ただし、Ver.3.0.1ではいったんⒻの「Options...」ボタンをクリックするまで正確な値が表示されません。

Ⓕ クリックしてオプションの画面を開きます。

オプション画面はタブが2つあり、プロジェクトの原稿に対して設定する「Draftの目標値」タブと、1セッションあたりに設定する「セッションの目標値」タブがあります。重要な項目を紹介します。

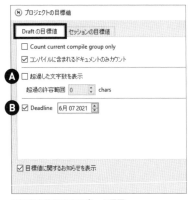

目標文字数設定のオプション画面

Ⓐ「超過した文字数を表示」：目標文字数を超えた場合に、超過したことを表示します。上限を設定する必要がなければオフにします。

Ⓑ「Deadline」《締切日》：オンにして日付を設定できます。

Ⓒ「セッションのカウントをリセット」：セッションをリセットするタイミングを設定します。たとえば図の場合は、「At set time each day」《毎日の設定した時刻》ですから、毎日午前2時にセッションをリセットします。0時ちょうどで区切りたい場合は0時に設定します。

Ⓓ「Allow negatives」《マイナスの値を許可》：文字数が減った場合にマイナスの文字数として表示します。

Ⓔ「Automatically calculate from draft deadline」《自動的に締切日から計算》：元の画面にあった総合計の文字数と、Ⓑに設定した締切日から、1セッションあたりに必要な文字数を自動計算して、前図Ⓔに表示します。

Ⓕ「執筆日数」：執筆する曜日を指定します。Ⓔの計算で考慮されます。

Ⓖ「Allow writing on day of deadline《締切日の執筆を許可》：締切当日を執筆可能な日数として算入します。Ⓔの計算で考慮されます。

Ⓗ「目標値に関するお知らせを表示」：目標文字数に達すると画面にメッセージを表示します。

NOTE　目標文字数を設定すると、プロジェクトを開くときなどに「セッションがリセットされました」などのメッセージが表示されることがあります。これはこの機能のセッションのことで、執筆文字数を新しく数え直すという意味です。

● クイックサーチバーで目標達成度を表示する

プロジェクト目標を設定すると、ツールバーの中央にあるクイックサーチバーにポインタを重ねるだけで、達成度を色とバーの長さでリアルタイムに表示します。

クイックサーチバーで簡易的に達成度を表示する

Ⓐ プロジェクト全体に対する達成度を示します。

Ⓑ セッションに対する達成度を示します。

Ⓒ ポインタを重ねると文字数を表示します。左から、原稿全体の文字数／目標文字数｜いまのセッションで執筆した文字数／いまのセッションの目標文字数。

NOTE クイックサーチバーに目標達成度のバーを表示したくないときは、［ファイル］→［Options...］を選び、「Appearance」→「Target Progress Bars」カテゴリーを開き、「Show progress bars in Quick Search toolbar item」《クイックサーチツールバーに進行状況のバーを表示》をオフにします。なお、このカテゴリーには色に関する設定もありますが、Ver.3.0.1では反映されないようです。

2 テキストの目標文字数を設定する

テキスト1つずつに目標の文字数を設定し、その達成度を視覚的に確認できます。これには、目的のテキストを選び、単一のテキストを表示するドキュメント表示へ切り替えてから、フッターで設定します。

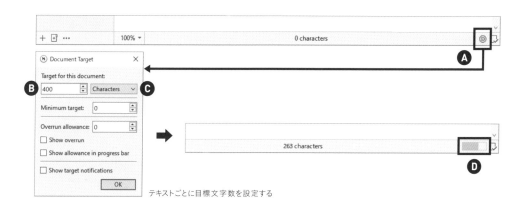

テキストごとに目標文字数を設定する

Ⓐ フッターバーのアイコンをクリックして目標文字数を設定するウィンドウを開きます。

Ⓑ 「Target for this document」《このドキュメントの目標》：このテキストの目標字数を入力します。設定を削除するには、目標文字数の欄を空白にします。

Ⓒ 「Characters」《文字数》へ変更します。

Ⓓ 目標達成度がリアルタイムで示されます。

この機能は、文字数の上限が決まっている短い記事を多数執筆するようなときや、ノベルゲームのように1画面の文字数が決まっているときに便利です。ただし、1行の文字数を設定したり、文字数を厳密に数えたりする必要があるときは、別のアプリケーションで仕上げるほうがよいでしょう。

　なお、Ver.3.0.1では執筆中に目標文字数がフッターに表示されませんが、前図❸を「Words」に設定したときは表示されるので、バグと思われます。

NOTE この設定はテキスト1つずつに行う必要があります。既存のテキストに設定して回るのは現実的ではありませんが、これから執筆を始めるのであれば、テンプレート機能を使いましょう。目標文字数を設定したテキストをテンプレートとして登録し、それを使って個別のテキストを作れば、テキストごとに設定する必要はありません。「目標400字」「目標800字」など、テンプレートを複数作ってもよいでしょう（「5.4 テンプレートを使う」を参照）。

3　アウトライン表示で進捗状況を調べる

　各章など、ある程度まとまった階層での進捗状況を調べるには、アウトライン表示を使って文字数を自動集計できます。次の図は各章をフォルダとして分け、章ごとに進捗状況を調べている例です。

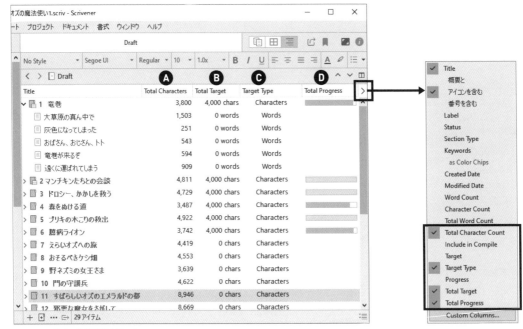

アウトライン表示で進捗状況を調べる

「Total Characters Count」《合計文字数》：下位のアイテムがあるときは合計の文字数を表示します。図では章ごとにフォルダで分けているので、章ごとの文字数になります。たとえば「1 竜巻」の下位には5つのテキストがあり、その合計が「1 竜巻」に表示されるので、章の階層にだけ注目すれば十分です。

Ⓑ「Total Traget」《合計目標》：目標を手作業で指定します。

Ⓒ「Target Type」《目標タイプ》：単語数または文字数を選びます。同じアイテムのすべての項目に影響しますが、複数のアイテムをまとめて設定できないため、1つずつ設定する必要があります。設定した後は非表示にしてもかまいません。

Ⓓ「Total Progress」《合計に対する進捗状況》：**Ⓐ**と**Ⓒ**から計算された進捗状況をバーで示します。数字だけで十分であれば、表示しなくてもかまいません。

> **NOTE** 手作業で進捗状況を管理する方法には、ラベル機能を使ってバインダーのアイテムに色をつける、ステータス機能を使ってコルクボード表示のカードにスタンプを押す、カスタムメタデータ機能を使ってアウトライン表示で一覧表のように見せる、などの方法も考えられます（「5.5 アイテムを分類する」を参照）。

4 執筆開始からの進捗の推移を調べる

プロジェクト作成以来の進捗の推移を調べられます。これには、[プロジェクト]→[ライティング履歴]を選びます。事前に何かを設定する必要はありません。

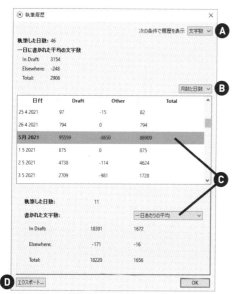

執筆開始以来の進捗の推移を調べる

Ⓐ「文字数」へ変更します。

Ⓑ集計期間の単位を指定します。

Ⓒ月を選んでいるときに、一日あたりの平均／最小／最大を切り替えます。

ⒹCSV形式（カンマ区切りテキスト）でデータをエクスポートします。

前図❶のボタンをクリックしてエクスポートできるCSV形式のファイルは、Excelでそのまま扱える形式ですが、以下の2つの処理が必要です。ここではサクラエディタを使った例を紹介します。

①文字コードをUTF-8形式からShift JISへ変更します。
②日付の書式が「月 / 日 / 年」であるため、「年 / 月 / 日」へ修正します。この処理は正規表現を使った置換で一括処理できます。

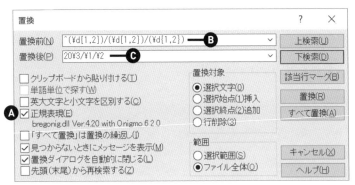

日付を日本式へ置換する（サクラエディタ）

❶「正規表現」をオンにします。

❷検索条件には「^(\d{1,2})/(\d{1,2})/(\d{1,2})」と指定します。行頭にあり、「1〜2桁の数字、スラッシュ、1〜2桁の数字、スラッシュ、1〜2桁の数字」というパターンの文字列を検索します。括弧の種類に注意してください。

❸置換後の文字列には「20\3/\1/\2」と指定します。「\1」「\2」「\3」はそれぞれ検索条件の丸括弧の1つめ、2つめ、3つめ、つまり月日年に対応します。それに文字列「20」とスラッシュを組み合わせています。

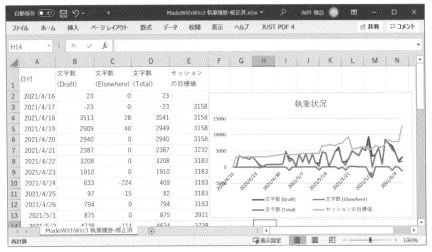

処理したCSVファイルをExcelで読み込み、加工した例

5-4 テンプレートを使う

テキストのテンプレートを自作できます。同じ構成のテキストを多用する作品や、決まった属性を適用する必要がある場合などに活用してください。自分用のメモを定型で書き留めるのにも役立ちます。

1 テンプレートとは

　通常、新しいテキストを作るときは［プロジェクト］→［新規テキスト］を選んで白紙のテキストを作りますが、共通する部分をテンプレートとして保存すると、そのテンプレートから新しいテキストを作ることができるので、そのたびに設定する手間がありません。

　テンプレートは複数作成できるので、目的によって使い分けることができます。

2 テンプレートを作成する

　テンプレートを作成するには準備が必要です。ステップ式で以下に紹介します。

STEP 01
プロジェクトにテンプレートを収めるフォルダを作ります。名前は好みでかまいませんが、ここでは区別しやすいように「マイテンプレート」とします。
作成する場所は「Draft」フォルダの下位でなければどこに置いてもよいようですが、バインダーの最上位の階層がよいでしょう。

STEP 02
［プロジェクト］→［プロジェクトの設定］を選び、ウィンドウが開いたら「特殊フォルダ」カテゴリーを選び、「テンプレート・フォルダー」に前のステップで作成した「マイテンプレート」フォルダを指定して「OK」ボタンをクリックします。

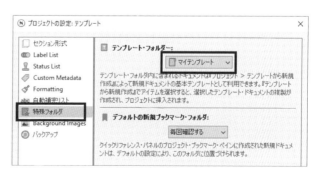

指定したフォルダのアイコンが変わったことを確かめます。このように、テンプレートを収納するように指定されたフォルダは、アイコンが「T」に変わります。

テンプレートにしたいテキストを、フォルダの中で作ります。ほかのフォルダで作って、テンプレート用のフォルダへ移動してもかまいません。
作り方は、通常のテキストと同じです。テンプレート化されたテキストには、アイコンに「T」の文字が加えられます。

NOTE テキストの内容以外にも、テキストごとの目標文字数、ラベル、キーワードなど、インスペクターから操作するさまざまな属性などもテンプレートに含められます。

3 テンプレートからテキストを作成する

テンプレートを使って新しいテキストを作るには、［プロジェクト］→［テンプレートから新規追加］以下、または、ツールバーの「＋」ボタンの右側にある▼をクリックして開いた［New From Template］以下から、目的のテンプレートを選びます。メニューにはアイテムの名前が使われます。

テンプレートからテキストを作る2つの方法

メニューに表示される順序は、テンプレートフォルダでのものと同じになります。よく使うものを上に並べるとよいでしょう。

特定のフォルダに対して、「Ctrl＋N」キーを押したときに特定のテンプレートを使うよう設定できます。特定のフォルダで必要とするテンプレートが決まっているときに設定すると、テキストを作成するときにテンプレートを選ぶ必要がありません。

設定するには、バインダーで目的のフォルダを選んでから、［ドキュメント］→［Default Template for Subdocuments］以下から指定したいテンプレートを選びます。

活用例としては、登場人物の設定を1つのテキストに1人ずつ書く場合に、人物設定用のフォルダに対して、人物設定用のテンプレートを指定するものが考えられます。つまり、本文を書くために新しいテキストを作るときと、人物設定を追加するときと、どちらでも「Ctrl＋N」キーを押せばよいことになります。

「人物一覧」フォルダに対して、「人物設定」テンプレートを初期設定として設定すると、
「Ctrl＋N」キーで「人物設定」テンプレートを使ったテキストを作ることができる

登場人物が少ないときや、1つのプロジェクトだけにこのような設定をするのは手間のほうが大きいかもしれませんが、この設定を済ませたプロジェクト自体をテンプレート化すれば、次の作品を書き始めるときに便利です（「2.6.3 プロジェクトのテンプレートを自作する」を参照）。

5-5 アイテムを分類する

アイテムを分類するさまざまな方法を紹介します。それぞれに特徴があり、どの機能も作品の構成を視覚化するのにたいへん役立ちます。作品の長短にかかわらず活用してください。

1 アイテムを分類する5つの方法

プロジェクト内に作成したアイテムを分類するには、もっとも基本的な方法はフォルダを使います。Scrivenerではそれ以外に、次の5つの方法があります。使い方は自由ですので、各機能の特徴を把握したうえで活用してください。

- ラベル……アイテムごとに1つだけ割り当てられます。語句と色を使えます。
- ステータス……アイテムごとに1つだけ割り当てられます。語句のみ使えます。
- キーワード……アイテムごとに複数割り当てられます。語句と色を使えます。
- カスタムメタデータ……アイテムごとに複数割り当てられます。使えるのは文字列のみですが、データのタイプを指定できます。
- コレクション……任意の方法で選んだアイテムをひとまとめに扱えます。順序も任意に指定できます。

自作したプロジェクトをテンプレートとして保存すると、これらの分類で使った名前も登録できます。自分用の分類法を流用できるので、次回作の執筆時に便利です。

2 ラベルで分類する

● ラベルリストを作成する

「ラベル」は、アイテムごとに1種類だけ割り当てられる分類方法で、語句と色を設定できることが特徴です。

ラベルのリストを作成するには、[プロジェクト]→[プロジェクトの設定]を選び、「Label List」カテゴリーを選びます。このリストから1つを、各アイテムに設定できます。

初期設定では語句に色の名前が登録されていますが、これはサンプルですので、自由に変更できます。次の図では、ストーリーの舞台になる場所を分類するリストを作っています。

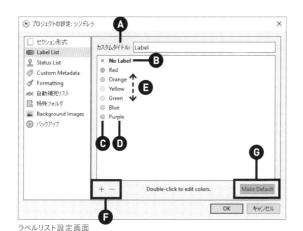

ラベルリスト設定画面　　　　　　　　　　　　　　　　　　　　ラベルリストの設定を変更した例

Ⓐ「カスタムタイトル」：ラベル機能自体のタイトルを変更できます。プルダウンメニューやインスペクターの見出しにも反映されるので、ラベルという機能を使っていることを意識せずに済みます。

Ⓑ「No Label」《ラベルなし》：ラベルを割り当てていない状態です。この名前も変更できます。

Ⓒ各項目の色を変えるには、色の部分をダブルクリックします。

Ⓓ各項目の名前を変えるには、名前の部分をダブルクリックします。

Ⓔ項目の順序を入れ替えるには上下へドラッグ＆ドロップします。メニューなどにも反映されます。

Ⓕラベルの項目を追加または削除します。

Ⓖ「Make Default」《デフォルトに設定》：いずれかの項目を選択してからこのボタンをクリックすると、アイテムを新規作成したときに割り当てるラベルを指定できます。リストでは太字で表示されます。

● インスペクターを使ってラベルを割り当てる

バインダーまたはコルクボード表示でプロジェクト内のアイテムにラベルを割り当てるには、インスペクターを使います。

インスペクターを使って
ラベルを割り当てる

Ⓐ バインダーでアイテムをクリックし、インスペクターの左下にあるメニュー（Ⓒ）から選びます。

Ⓑ コルクボード表示でアイテムをクリックし、インスペクターの左下にあるメニュー（Ⓒ）から選びます。ラベルが割り当てられると、カードの端にも色がつきます。これを表示したくない場合は、[表示]→[コルクボードのオプション]→[（カスタムタイトルの名前）Colors Along Edges]オプションをオフにします。

Ⓒ メニューから選んでラベルを割り当てます。末尾にある「編集...」を選ぶと、「プロジェクトの設定」ウィンドウの「Label List」を開きます。

なお、バインダーでアイテムを右クリックしてメニューから[（カスタムタイトルの名前）]以下からラベルを割り当てることもできます。複数のアイテムを選択してから操作すると、同じラベルを1度に割り当てられます。

◉ アウトライン表示を使ってラベルを割り当てる

アウトライン表示では、インスペクターを使わずにラベルを設定・確認できます。

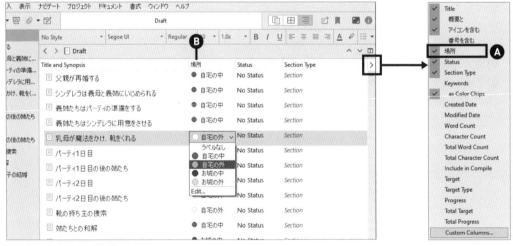

アウトライン表示でラベルを割り当てる

Ⓐ アウトライン表示で「（カスタムタイトルの名前）」を表示するように設定します。

Ⓑ ラベルの列が表示されるようになり、メニューから変更できるようになります。列の見出しはカスタムタイトルの名前になります。

◉ ラベルの色を活用する

ラベルでは項目ごとに色を設定できますが、これをプロジェクトウィンドウの中で利用できます。[表示]→[Use（カスタムタイトルの名前）Color In]以下のオプションをオンにしたときの様子を次の図に示します。組み合わせて使用できるので、好みにあわせて設定してください。図はサンプルのため濃い色を使いましたが、肝心の名前や内容が読みづらくなるので、適宜工夫してください。

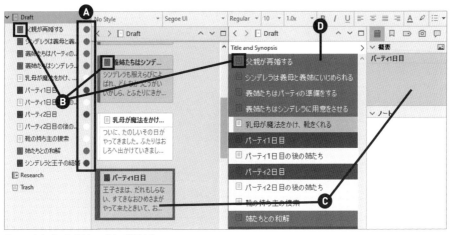

ラベルの色をプロジェクトウィンドウで利用する

Ⓐ［バインダー］：バインダーの右端に色つきの円を表示します。さらに、プルダウンメニューの同じ
　階層にある［Show as Background Color in Binder］《バインダーの背景色として表示》オプショ
　ンをオンにすると、円ではなく行の背景色として表示します。

Ⓑ［アイコン］：バインダー、コルクボード、アウトラインの各所に表示されるアイコンに色をつけます。

Ⓒ［Index Cards］：コルクボードのカード自体と、インスペクターの「概要」欄の背景に色をつけます。

Ⓓ［アウトライナーの行］：アウトラインの各行の背景に色をつけます。

● **コルクボード表示を使ってラベルで整列する**

　コルクボード表示では、割り当てたラベルに従ってカードを整列できます。これには、［表示］→［コ
ルクボードのオプション］→［Arrange by（カスタムタイトル名）］を選ぶか、コルクボード表示のフッター
にあるボタンをクリックします。

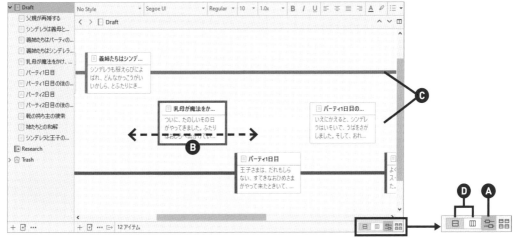

アイテムをラベルで整列する

Ⓐ クリックするたびに、通常表示とラベルで整理した表示を切り替えます。

Ⓑ カードは右へ向かってバインダーと同じ順番で並べられています。この表示で左右へカードをドラッグ＆ドロップすると、バインダーでの順序が入れ替わります。

Ⓒ 太めの線はそれぞれラベルが割り当てられていることを示しています。線の色はラベルの色です。線の順序はラベルリストの設定に従います。この表示で上下へカードをドラッグ＆ドロップして別の線上へ移動すると、ラベルを付け替えることができます。

Ⓓ 2つのボタンで、カードを表示する方向を「左から右」「上から下」へ変えます。

ラベルで整列しているときの背景色を変更するには、［ファイル］→［Options...］を選び、「Appearance」→「Corkboard」→「Colors」カテゴリーを選びます。

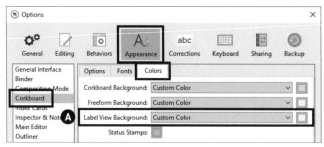

ラベル整列時の背景を設定

Ⓐ 「Label View Background」：ラベル整列時の背景色を選びます。または、「Corkboard Pattern」《コルクボードの繰り返し画像》や、任意の画像も指定できます。

COLUMN　ラベルで進行と構成を管理する

コルクボード表示をラベルで整列する機能は、いくつかの範囲でトピックを移りつつ書き進めるときの管理に向いています。

たとえば本文の例では、舞台となる場所ごとにラベルを作っているので、同じ線上にカードが続いていれば、同じラベルのカードが続いている、つまり、同じ場所でストーリーが進行していることがわかります。逆に、次々と別の線へ移っていれば、場所が移っていることになります。

この機能では進行とともに構成を視覚化できるので、論文やルポのように各部の論旨の構成を比較的はっきり分けられるものにも活用できるでしょう。たとえば、あるテーマに対して、「賛成の主張」「賛成の論拠」「反対の主張」「反対の論拠」「自分の主張」などのラベルを作って整理すれば、賛成意見ばかりが続いている、賛成の論拠があるのに反対の論拠がない、章末に自分の主張を書いていない、などの問題点がわかるので、構成の入れ替え、追加すべき内容の検討がしやすくなります。

3 | ステータスで分類する

● ステータスリストを作成する

「ステータス」は、アイテムごとに1種類だけ割り当てられる分類方法で、語句のみ設定できます。

ステータスリストを作成するには、［プロジェクト］→［プロジェクトの設定］を選び、「Status List」カテゴリーを選びます。このリストから1つを、各アイテムに設定できます。

初期設定では「In Progress」《進行中》、「First Draft」《初稿》など、進行状況を表す語句が登録されていますが、「ラベル」と同様これはサンプルですので、自由に変更できます。色を設定できないことを除くとリストの作成方法はラベルと同じですので、ここでは省略します。カスタムタイトルを付けられる点も同じです。

ステータスリストの作成

● ステータスを割り当てる

プロジェクト内のアイテムにステータスを割り当てるには、次の方法があります。

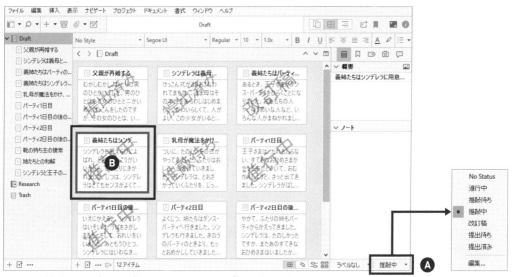

ステータスを割り当てるさまざまな方法（解説のためステータススタンプの色は変更した）

Ⓐ バインダーでアイテムをクリックし、インスペクタの下端にあるメニューから選びます。なお、末尾にある「編集...」を選ぶと、「プロジェクトの設定」ウィンドウの「Status List」カテゴリーを開きます。

Ⓑ コルクボード表示でアイテムをクリックし、インスペクタの下端にあるメニューから選びます。[表示] → [コルクボードのオプション] → [Status Stamps] オプションをオンにすると、ステータスの名前をスタンプのように斜めに重ねて表示します。

　ほかにも、アウトライン表示でステータスを表示するように設定できます。手順はラベルを表示するときと同じなので省略します。

　ステータススタンプの色を変更するには、[ファイル] → [Options...] を選び、「Appearance」 → 「Corkboard」 → [Colors] カテゴリーを選び、「Status Stamps」の設定を変更します。

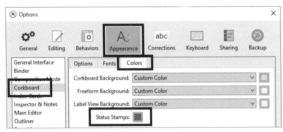

ステータススタンプの色を変更する

4 キーワードで分類する

● キーワードリストを作成する

　「キーワード」は、アイテムごとに複数割り当てられる分類方法で、語句と色を設定できることが特徴です。キーワードリストを作成するには、[プロジェクト] → [プロジェクト・キーワード] を選びます。このウィンドウはつねにプロジェクトウィンドウよりも前面に表示されます。初期設定では何も登録されていません。次の図は、登録を済ませた状態の例です。

キーワードリストの作成

Ⓐ 何も選択していなければ最上位、いずれかの項目を選択していればそれと同じ階層に新しいキーワードを作ります。

Ⓑ 選択している項目の下位に新しいキーワードを作ります。

Ⓒ 選択しているキーワードを削除します。

Ⓓ キーワードの名前または色を変えるには、それぞれをダブルクリックします。

❺ あるキーワードを別のキーワードへドラッグ＆ドロップして重ねると階層化できます。

❻ いずれかのキーワードを選んでからクリックするとメニューを開きます。コマンドは、[Apply Keywords to Selected Documents]《選択中のアイテムへキーワードを割り当てる》、[Remove Keywords from Selected Documents]《選択中のアイテムからキーワードを削除する》。

❼ 選択している項目が割り当てられているアイテムを検索し、検索結果をプロジェクトウィンドウで表示します。

NOTE キーワードリストは階層化できますが、キーワードを管理しやすくしているだけであり、上位の項目を選んでも下位の項目が選ばれるわけではありません。図の例でいえば、「ドロシーの仲間たち」を選んでも、「ドロシー／トト／かかし」のそれぞれを割り当てたアイテムをまとめて選択できるわけではありません。

◉ キーワードを割り当てる

プロジェクト内のアイテムにキーワードを割り当てるには、前図**❻**のメニューを使うよりも、プロジェクトウィンドウへドラッグ＆ドロップするほうが簡単でしょう。

コルクボード表示とアウトライン表示では、キーワードが割り当てられていることを色で示すことができます。

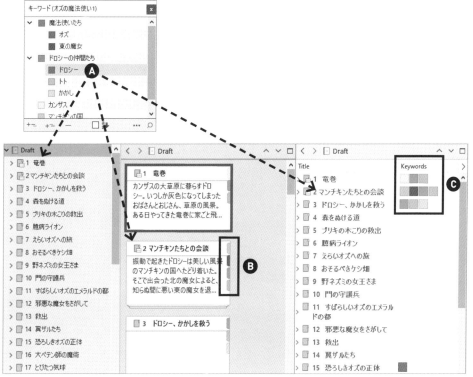

キーワードを割り当てるさまざまな方法

Ⓐ アイテムにキーワードを割り当てるには、「キーワード」ウィンドウで目的のキーワードを選び、プ
ロジェクト内のアイテムへドラッグ＆ドロップします。バインダー、コルクボード、アウトライン
のいずれへドロップしても同じです。

Ⓑ コルクボード表示では、［表示］→［コルクボードのオプション］→［キーワード・カラー］オプショ
ンをオンにすると、設定されているキーワードの色をカードの右上に並べて表示します。

Ⓒ アウトライン表示では、［表示］→［Outliner Options］→［Keywords］および［as Color Chips］
オプションをオンにすると、設定されているキーワードの色を「Keywords」列に列挙します。［as
Color Chips］オプションがオフの場合は色ではなくキーワードの名前を列挙します。

◉ インスペクターを使ってキーワードを管理する

　キーワードは、インスペクターの「Custom Metadata」タブにある「キーワード」欄からも操作でき
ます。このタブは［ナビゲート］→［Inspect］→［Custom Metadata］を選んでも開くことができます。
「プロジェクト・キーワード」ウィンドウと併用すると便利です。

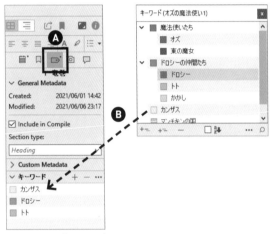

インスペクターの「キーワード」

Ⓐ インスペクターの「Custom Metadata」タブ。

Ⓑ 「プロジェクト・キーワード」ウィンドウからインスペクターへドラッグ＆ドロップして、個別のア
イテムにキーワードを登録できます。

　インスペクターを使ったキーワードの操作方法は、ほぼ「プロジェクト・キーワード」ウィンドウと同
じです。

　インスペクターで新しいキーワードを登録することもできますが、ここだけでは既存のキーワードが
わからないのでやめたほうがよいでしょう。「カンザス」と「カンザス州」のように、同じ意味で別の新
しいキーワードを追加しても気づきません。

　また、いったんアイテムに割り当てたキーワードの名前を変えるときも、「プロジェクト・キーワード」
ウィンドウを使って書き換えてください。インスペクターで既存のキーワードの名前を変更すると、新

しいものとして登録されてしまいます。たとえば、インスペクターで「カンザス」を「カンザス州」へ変更しても、「プロジェクト・キーワード」ウィンドウや、ほかのアイテムに登録していた「カンザス」は残ります。一方、「プロジェクト・キーワード」ウィンドウで名前を変更すれば、すでに個別のアイテムに登録していた「カンザス」も「カンザス州」へ変更されます。

5 カスタムメタデータで分類する

● カスタムメタデータリストを作る

「カスタムメタデータ」は、アイテムごとに複数割り当てられる分類方法で、メタデータの名前とタイプを指定できることが特徴です。「メタデータ」とは「データについてのデータ」という意味で、ここでは「アイテム（というデータ本体）についてのデータ」と考えてください。アイテムに付けた「概要」やラベルは、アイテムに対するメタデータの一種です。

カスタムメタデータのリストを作成するには、［プロジェクト］→［プロジェクトの設定］を選び、「Custom Metadata」カテゴリーを選びます。初期設定では何も登録されていません。次の図は、登録を済ませた状態の例です。

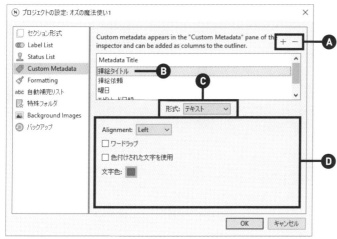

カスタムメタデータのリストの作成

Ⓐ 項目を追加／削除します。

Ⓑ 名前を変えるにはダブルクリックします。

Ⓒ「形式」：以下の4つからデータの形式を選びます。①「テキスト」は任意の文字列、②「チェックボックス」はチェックのオン／オフ切り替え、③「リスト」は任意に内容を作成したリストのうちの1つ、④「日付」は年月日と日時です。

Ⓓ Ⓒに応じて、内容を設定します。

◉ カスタムメタデータを割り当てる

プロジェクト内のアイテムにカスタムメタデータを割り当てるには、おもに2つの方法があります。

1つは、バインダーやいずれかの表示でアイテムを選択し、インスペクターの「Custom Metadata」欄を使う方法です。

もう1つは、アウトライン表示で表示したい種類のカスタムメタデータを選び、一覧に表示する方法です。

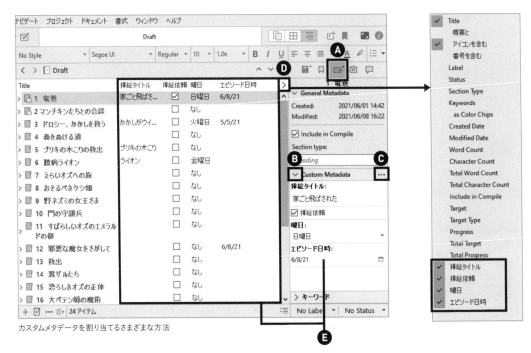

カスタムメタデータを割り当てるさまざまな方法

Ⓐ「Custom Metadata」タブ。

Ⓑ クリックするたびに、表示を広げたり隠したりします。

Ⓒ クリックすると「プロジェクトの設定」ウィンドウの「Custom Metadata」カテゴリーを開きます。

Ⓓ クリックして、アウトライン表示で表示する項目をオンにします。

Ⓔ 形式に応じてチェックボックスやメニューなどの表示方法も変わります。残念ながら日付の表示は日本式ではありません。

アウトライン表示でカスタムメタデータを表示すると、Excelのような一覧表形式で全体を見通すことができるようになります。

たとえば、各章に1つ必ず挿し絵を入れるのであれば、挿絵の手配をしたことをチェックボックスで管理すると、依頼状況が一目でわかります。あるいは、各章で曜日が重要な意味を持つときは、その章が何曜日であるかを明記すると、同じ曜日が続いていたり、次の章へ移るときに何日も経っていることがわかったりします。

COLUMN アイテム分類の活用法

　本節ではScrivenerが持つさまざまな分類法を紹介しましたが、実際の用途はジャンルや作品内容によって大きく異なるので、機能を把握したら自由に使ってみてください。

　たとえばキーワードは、解説例では章ごとに登場する人物を管理する目的で使いましたが、もちろん短編であればそのような管理をする必要はないでしょう。しかし登場人物が多ければ、それぞれのシーンに誰が登場するのかを厳密に管理する必要があるでしょう。

　さまざまな覚え書きのうち、扱う内容が決まっているデータはカスタムメタデータに登録するのが向いています。「ノート」属性は汎用性は高いものの、ほかのデータに埋もれるおそれが高く、アウトライン表示で一望することもできないからです。たとえば、ミステリー小説で探偵があちこちを捜索するのであれば、いまどこにいるかを管理する「現在地」というテキスト形式またはリスト形式のカスタムメタデータを作るのが適しているでしょう。

　作者はすべての内容を書いているので、すべての内容を把握しているはずですが、内容を視覚化することはさまざまな点で役立つでしょう。たとえば、章によって語り手（視点）が変わる場合は、無意識に別の視点を混ぜてしまうのを防いだり、ある人物ばかりが語っていることを発見できるかもしれません。これにも「語り手」というテキスト形式のカスタムメタデータがよさそうです。

　また、ある程度執筆を進めた後から構成を入れ替えると、前の章の最後で旅行に出た人物が登場したり、同じ曜日が続いてしまったりしかねません。辻褄の合わない箇所を探すのにも役立つでしょう。

　Scrivenerの分類機能は汎用性が高いため、開発者側が想定する使い方をする必要もありません。たとえば「ステータス」はサンプルを見ると進捗状況を手作業で管理する用途が想定されているようですが、実際には「ラベル」を進捗管理に使うケースが多いようです。ラベルは色をつけられるのでステータスよりも目立つからです。

　すべてを細かく管理する必要もありません。執筆が難しい章だけ、第1階層の見出しだけなど、使い方も自分で自由に決めれば十分です。

6 コレクションで分類する

　コレクション機能についてはすでに「5.1.4 検索条件をコレクションとして保存する」で紹介しましたが、手作業でコレクションを作り、任意のアイテムを任意の順序で登録することもできます。

● コレクションを手作業で作成する

　コレクションを手作業で作るには、[表示] → [コレクション] を選び、「コレクション」の領域が開いたら、次の図のように操作します。

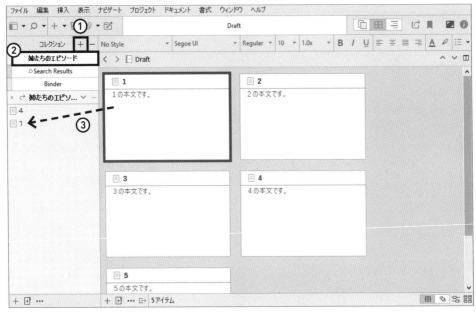

コレクションの作成

① 「+」をクリックして新しいコレクションを作ります。

② 名前を入力して「Return」キーを押します。

③ コルクボード表示やアウトライン表示のエディターから、アイテムをコレクションの領域へドラッグ＆ドロップします。

　バインダーからアイテムを登録したい場合は、目的のアイテムをコレクションの行へドラッグ＆ドロップします。コレクションを複数作ったときは、ドロップする先を間違えないように注意してください。

バインダーからコレクションへ登録する

⦿ コレクションの内容を編集する

コレクションの内容を確認したり編集したりするには、目的のコレクションの名前をクリックします。バインダーとは関係なく、任意のアイテムを任意の順序で表示できます。

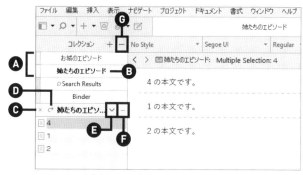

コレクションの内容を確認・編集する

Ⓐ このコレクションに登録したアイテムの一覧です。上下へドラッグして順序を変えられます。

Ⓑ コレクションの名前を変えるにはダブルクリックします。

Ⓒ このコレクションを閉じてバインダーへ戻ります。

Ⓓ このコレクションのすべてのアイテムをエディターへ表示します。図は連結表示したところで、コレクションで並べたとおりの順序で本文を表示しています。コルクボード表示やアウトライン表示にも切り替えられます。

Ⓔ このコレクションの背景色を変更します。

Ⓕ コレクション内のアイテムを選択してからクリックすると、このコレクションから削除します。元のアイテムは削除されません。もしもゴミ箱へ移動すると元のアイテムも削除するので注意してください。

Ⓖ 最前面にあるコレクションを削除します。コレクションを削除されるだけなので、元のアイテムは残ります。

5-6 テキストの変更履歴を管理する

個別のテキストの履歴を「スナップショット」として保存できます。最新のテキストまたはいずれかのスナップショットと比較することもできます。必要に応じてプロジェクト自体のバックアップと使い分けてください。

1 スナップショットとは

アイテムごとにいまの状態を保存しておき、後から比較したり、以前の状態へ戻すことができます。この機能を「スナップショット」と呼びます。スナップショットは必要なときに手作業で作成できます。

スナップショットは、アイテムごとに保存するものである点に注意してください。連結表示で実行すると、いまカーソルがあるアイテムだけが対象になります。なお、プロジェクト全体の履歴は「バックアップ」で作成します（「2.1.5 バックアップを作成する」を参照）。

2 スナップショットを保存する

スナップショットを保存するには、次の方法があります。いずれも、実行するとカメラのシャッター音が鳴ります。

- インスペクターの「スナップショット」タブを開き、+ボタンをクリックします。
- [ドキュメント] → [スナップショット] → [スナップショットを撮る] を選びます。キーボードショートカットは「Ctrl + 5」キーです。

スナップショットにはタイトルをつけられます。後からつけることもできますが、保存時にタイトルをつけるには、[ドキュメント] → [スナップショット] → [タイトル付きでスナップショットを撮る] を選びます。キーボードショートカットは「Ctrl + Shift + 5」キーです。

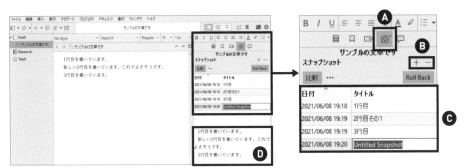

スナップショットを保存する

Ⓐ「スナップショット」タブ。スナップショットがあるとアイコンの右上に点がつきます。[ナビゲート]
→ [Inspect] → [スナップショット] を選んでも開くことができます。

Ⓑ 新しいスナップショットを保存（＋）、または、選択したスナップショットを削除します（－）。

Ⓒ 保存されたスナップショットの日時とタイトルです。タイトルを書き換えるにはダブルクリックします。

Ⓓ 上の欄で選んだスナップショットの内容を表示します。

3 現在とスナップショットを比較する

現在の本文といずれかのスナップショットを比較するには、目的のスナップショットをクリックして
から「比較」ボタンをクリックします。

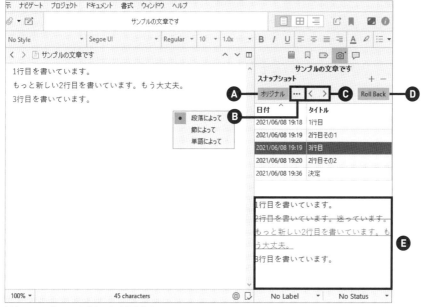

任意のスナップショットと現在の本文を比較する

Ⓐ 比較中はボタンのラベルが「オリジナル」へ変わり、クリックすると比較を終了します。

Ⓑ「段落／節／単語」の単位で比較精度を選べます。

Ⓒ 比較中にクリックすると、違いのある箇所へ順次移動します。アイテム中の本文が長いときに便
利です。

Ⓓ 選択中のスナップショットで本文を上書きします。この操作を「ロールバック」（Roll Back）と呼
びます。

Ⓔ スナップショットと比較して、削除された部分を赤色の文字と打ち消し線で、追加された部分を
青色の文字と下線で示します。

ロールバックするときは、念のために最新の状態を保存してからロールバックするか、確認のウィンドウが開きます。「はい」を選ぶと保存してから、「いいえ」を選ぶと保存せずに、それぞれ実行します。

ロールバック実行前にはスナップショットを作成するか確認

4 過去のスナップショット同士を比較する

過去のスナップショット同士を比較することもできます。手順は次の図のとおりです。

過去のスナップショット同士を比較する

①基準にするスナップショットをクリックします。

②比較するスナップショットを、「Ctrl」キーを押しながらクリックします。一般的には「新しいテキスト、古いテキスト」の順にクリックすることになるでしょう。

③「比較」ボタンをクリックします。

④①と②を比較した結果が表示されます。

プロジェクト内に保存されているスナップショットの一覧をまとめて表示できます。これには、[ドキュメント]→[スナップショット]→[Snapshots Manager]を選びます。

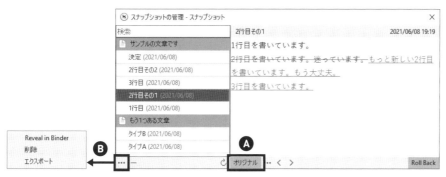

スナップショットマネージャー

Ⓐ「比較」：クリックすると、選択したスナップショットとこのアイテムの最新のテキストとを比較します。

Ⓑ 左下の［…］をクリックするとメニューを開き、［Reveal in Binder］《バインダーでこのアイテムを表示》、［エクスポート］などを選べます。［エクスポート］は、選択したスナップショットを、プロジェクトから独立したファイルとして書き出します。複数のスナップショットを選択して、1度に書き出すこともできます。

NOTE

スナップショットはアイテムごとに保存するため、そのアイテムを選んでインスペクターを開かなければ、スナップショットの有無さえわかりません。アウトライン表示でもスナップショットの有無は調べられません。スナップショットを多用する方は、スナップショットマネージャーを活用してください。

5-7 コメントと脚注

本文中に、執筆中の覚え書きに使う「コメント」と、読者向けの解説に使う「脚注」をつけられます。ともにWordとも互換性があるので、とくに学術系の方に役立つでしょう。

1 コメントと脚注の概要

　本文中に、著者用と読者用に、各2種類の解説をつけられます。著者用とは著者が自分のために使う（読者に見せない）もの、読者用とは原稿に含めて読者の便宜を図るために使うものという意味です。本来これらはまったく別のものですが、操作手順がほぼ同じであるため、あわせて紹介します。

　著者用の解説を「コメント」、読者用の解説を「脚注」と呼びます。後者は学術書などで多用されます。また、それぞれに、本文から外れたところに内容を書くものと、本文の中に内容を書く「インライン」があります。合計4種類の解説をまとめると以下のようになります。

- 著者用……コメント（Comment）、インライン注釈（Inline Annotation）
- 読者用……脚注（Footnote）、インライン脚注（Inline Footnote）

画面内の表記は日本語と英語が混乱しているため、本書では前記の日本語表記で統一します。

2 コメントと脚注を設定する

　設定する手順は4種類のいずれもほぼ同じで、本文中の該当個所を選択してから、[挿入]→[コメント]／[インライン注釈]／[脚注]／[Inline Footnote]のいずれかを選びます。用語は混乱しやすいですが、メニューでは順に並んでいることを知っていれば間違えにくいでしょう。

[挿入]メニューのコメントと脚注

　それぞれの内容は、インラインでないものはインスペクタに表示され、インラインのものは設定範囲がそのまま注釈または脚注になります。次の図は、4種類の解説をつけたところです。

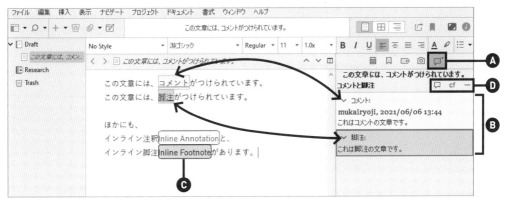

コメントと脚注を設定した例

🅐 インスペクターの「コメントと脚注」タブ。[ナビゲート] → [Inspect] → [コメントと脚注] からも開くことができます。

🅑 コメントと脚注の内容は、インスペクターの「コメントと脚注」タブのなかで記入します。エディターとインスペクターのどちらかをクリックすると、該当個所を互いに強調表示します。

🅒 インライン注釈とインライン脚注は、本文中で選択した範囲をそれぞれインライン注釈またはインライン脚注に指定します。指定すると図のように枠で囲みます。

🅓 左から、本文の選択範囲にコメントを追加 (🗩)、本文の選択範囲に脚注を追加 (cf)、インスペクタで選択したコメントまたは脚注を削除 (−) します。

NOTE コメントには自動的に作成者と作成日時が挿入されます。作成者の名前を指定するには、[ファイル] → [Options...] を選び、「General」→「Author Information」カテゴリーの「Name」欄に名前を記入します。

3 コメントと脚注の削除と変換

　コメントまたは脚注を削除するには、インスペクタで目的のものを選び、前図🅓の「−」ボタンをクリックします。または、インスペクターの個別のコメントまたは脚注にポインタを重ねると表示される、右上の「×」アイコンをクリックします（ポインタを重ねている間だけ表示されます）。削除するとコメントや脚注の文章は残らないので、必要があればあらかじめ別の箇所へコピーしてください。

　個別のコメントまたは脚注は、相互に変換できます。これには、インスペクタで目的のコメントまたは脚注を右クリックするか、[Ctrl] キーを押しながらクリックしてメニューを開き、[脚注に変換] または [コメントに変換] を選びます。

　インライン注釈またはインライン脚注の設定を外すには、範囲を選択し、[挿入] → [インライン注釈] ／ [Inline Footnote] を再度選んでオフにします。

4 コメント・脚注をコンパイルして出力する

　4種類あるコメントと脚注は、コンパイルするときの設定と、その結果を確認すると、使い方がより明確になります。コンパイルの手順は「6.1 コンパイルの概略」で紹介しますが、ここでは先回りして設定できる項目と出力結果を確かめてみましょう。サンプル原稿は前項の図と同じです。

　次の図は、Word形式で出力し、Wordで開いたところです。Scrivenerで設定した内容がWordで扱えることがわかります。

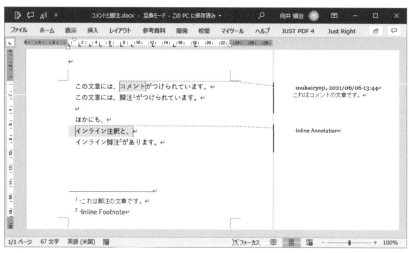

前図の原稿をWord形式でコンパイルし、Wordで開いたところ

　コンパイル時に、コメントや脚注の扱い方を細かくカスタマイズできます。興味のある方は次の画面で設定を作り込んでみてください。

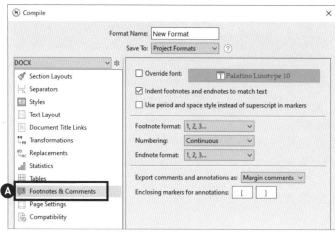

コンパイルフォーマットに含まれるコメントと脚注の設定

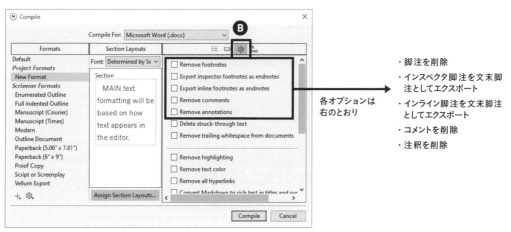

・脚注を削除
・インスペクタ脚注を文末脚注としてエクスポート
・インライン脚注を文末脚注としてエクスポート
・コメントを削除
・注釈を削除

各オプションは右のとおり

「Compile」ウィンドウでのコメントと脚注の設定

Ⓐ 自分用の設定を作りたいときは、コンパイルフォーマットを自作してその編集画面の「Footnotes & Comments」カテゴリーを開いてください（「6.2 最小限のコンパイルフォーマットを自作する」を参照）。

Ⓑ 入れたコメントや注釈を一時的に出力しないようにするには、コンパイルの設定画面にある歯車アイコンのタブを開いて、任意の設定にチェックを入れます。

5 コメントと脚注の見栄えをカスタマイズする

インスペクターのコメントと脚注の欄の色はカスタマイズできます。これには、[ファイル]→[Options...]を選び、「Appearance」→「Inspector & Notes」カテゴリーを選び、「Comments & Footnotes Area Background」を選びます。なお、個別のコメントの色は、コメント欄を右クリックしてメニューから選べます。

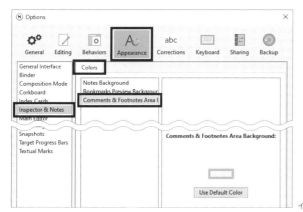

インスペクターの「コメントと脚注」欄の色の設定

5-8 ほかの箇所へジャンプする

ほかの箇所へリンクを設定するには、Webブラウザに似た「ブックマーク」と、プロジェクト内へジャンプする「リンク」があります。ブックマークはクイックリファレンスとの連携に注目してください。

1 ブックマークでほかの箇所へジャンプする

　プロジェクト内のアイテムやWebページなどへのリンクを「ブックマーク」として保存できます。仕組みはWebブラウザのものと同じで、必要な箇所への目印を登録し、必要に応じて参照したりジャンプしたりするというものです。

　ブックマークには、プロジェクト自体に保存する「プロジェクトブックマーク」と、個別のアイテムの属性として保存する「ドキュメントブックマーク」の2つがあります。

　ブックマークを操作する方法には、①インスペクター、②ツールバーのボタン、③クイックリファレンスウィンドウの3つがあります。ドキュメントブックマークを扱えるのは①インスペクターだけです。

>
> **NOTE**　WebページのURLも「ブックマーク」として登録できますが、環境によっては動作が不安定になることがあります。その場合は、通常のテキストを作成してリンク付きのURLを書くなどして、Webブラウザへ切り替えてアクセスしてください。EdgeでURLをコピーしてScrivenerでペーストすると、リンク付きのテキストが作られます。

● インスペクターから扱う

　インスペクターからブックマークを扱うには、[ナビゲート]→[Inspect]→[ブックマーク]を選ぶか、インスペクターの「ブックマーク」タブを選びます。

インスペクターの「ブックマーク」

Ⓐ「ブックマーク」タブ。

Ⓑ「プロジェクトブックマーク」と「ドキュメントブックマーク」の表示を切り替えます。

Ⓒ メニューを開きます。いずれかのブックマークを選択しているときと、1つも選択していないときで内容は異なります（図は選択している場合）。

Ⓓ 選択したブックマークを削除します。

Ⓔ 登録したブックマークの一覧です。上下へドラッグして順序を入れ替えられます。

Ⓕ 一覧で選択したブックマークの内容のプレビューです。プロジェクト内のテキストであれば編集もできます。

◉ ツールバーから扱う

ツールバーからブックマークを扱うには、ツールバーにある「ブックマーク」ボタンをクリックするか、[プロジェクト] → [プロジェクトブックマーク] を選んで、開いたウィンドウから操作します。

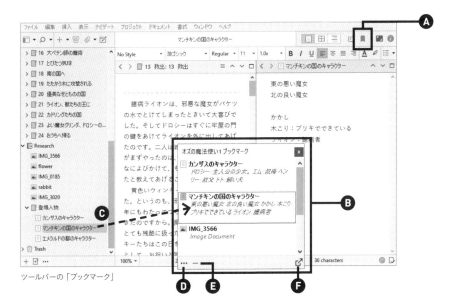

ツールバーの「ブックマーク」

Ⓐ「ブックマーク」ボタン。

Ⓑ「プロジェクトブックマーク」ウィンドウ。このウィンドウは常に最前面に表示され、プロジェクトブックマークの一覧を表示します。アイテムをクリックすると、アクティブなエディターで内容を表示します。

Ⓒ アイテムをプロジェクトブックマークへ登録するには、ウィンドウの中へドラッグ＆ドロップします。バインダーだけでなく、エディターのヘッダー、コルクボード表示のカード、アウトライン表示の項目などからも登録できます。

Ⓓ メニューを開きます。メニューの内容は前図Ⓒと同じです。

Ⓔ 選択しているブックマークを削除します。

Ⓕ このプロジェクトブックマークウィンドウを閉じて、クイックリファレンスウィンドウとして開きます（「5.2.2 クイックリファレンスを使って資料を参照する」を参照）。

ツールバーの「ブックマーク」ボタンがバインダーから遠くて操作しづらいときは、右クリックして表示されるメ
ニューから［プロジェクトブックマークに追加］を選んでも登録できます。
NOTE

◉ クイックリファレンスウィンドウから扱う

クイックリファレンスウィンドウからブックマークを扱うには、いずれかの方法でクイックリファレンスウィンドウを開き（「5.2.2 クイックリファレンスを使って資料を参照する」を参照）、ウィンドウ左下にあるブックマークボタンをクリックします。

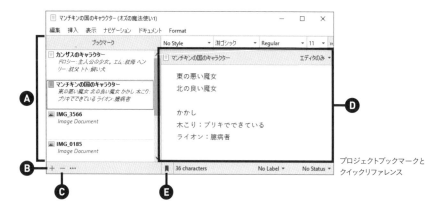

プロジェクトブックマークと
クイックリファレンス

Ⓐ プロジェクトブックマークの一覧です。アイテムを登録するには、この領域へドラッグ＆ドロップします。バインダーだけでなく、エディターのヘッダー、コルクボード表示のカード、アウトライン表示の項目などからも登録できます。

Ⓑ プロジェクトブックマークを追加します。

Ⓒ 選択しているブックマークを削除します。

Ⓓ 選択しているブックマークの内容を表示します。

Ⓔ プロジェクトブックマークの一覧の表示／非表示を切り替えます。

本来クイックリファレンスは、いったんいずれかのアイテムを表示すると、ウィンドウを開いたまま別のアイテム
を表示することはできませんが、プロジェクトブックマークにかぎっては表示するアイテムを変更できます。最
NOTE も重要な資料のブラウザとして使ってもよいでしょう。

2 リンクでほかの箇所へジャンプする

プロジェクト内のアイテムへのリンクを本文内に設定できます。この機能を使うと読者をほかの箇所へ誘導する「詳細は〜を参照してください」のような記述を管理できます。

● リンクを設定する

本文中にほかのアイテムへのリンクを設定するには、バインダーまたはいずれかの表示から、目的の
アイテムのアイコンをエディターへドラッグ＆ドロップします。すると、アイテムの名前がリンクつき
で挿入されます。

リンクが設定されている部分は、文字の色が青になり下線が引かれます。一般的なWebブラウザの
動作と同じです。リンクが設定されている箇所をクリックすると、エディターを分割してリンク先を表
示します。

プロジェクト内の別のアイテムへのリンク

Ⓐ バインダーから「第3章」フォルダを本文中へドラッグ＆ドロップすると、リンク付きのテキストが
　 挿入されます。
Ⓑ リンクをクリックすると、別のエディターでリンク先を開きます。図では「第3章」フォルダを開い
　 ています。

リンク先を変更するには、リンクが設定されている文字列を右クリックして［ドキュメントにリンク］
以下から選びます。ただし、この場合はいったん本文になった文字列は変更されません。文字列も修
正するのであれば、いったん文字列ごと削除してから新しくリンクを設定するほうが簡単です。

リンクを削除するには、リンクが設定されている文字列を右クリックして［Remove Link］を選択します。

● リンク先の名前を更新する

残念ながら、いったんリンクを作成した後に、リンク先のアイテムの名前が変わっても、本文は自動
的には更新されません。参照先の章タイトルを変更したようなときは、手作業で更新する必要があり
ます。リンク先の名前を更新するには、リンクを設定した箇所を右クリックして、メニューから［Update
Document Links to Use Target Titles］《リンク先のタイトルを使ってドキュメントのリンクを更新》
を選びます。プロジェクト内へのリンクが設定されている語句を検索するには、「書式による検索」機
能を使って、次の図のように条件を設定します（「5.1.7 書式による検索」を参照）。

プロジェクト内へのリンクは「書式による検索」で検索できる

5-9 画像を配置する

本文中に画像を入れるには3つの方法があります。どの方法にも長所と短所があるので、用途に応じて選んでください。コンパイル機能との兼ね合いにも注意しましょう。

1 画像を配置する3つの方法

　本文中に挿絵や写真などの画像を入れたい場合は、本文の途中へ挿入する必要があります。原稿を収める「Draft」フォルダに収められるアイテムはテキストのみですので、資料用のフォルダのように、画像のみを1つのアイテムとして読み込むことはできません。
　本文中に画像を配置する方法には以下の3つがあります。

・実際の画像ファイルを読み込む。
・画像ファイルへのリンクを設定する。
・画像ファイルへのリンクを「プレースホルダータグ」と呼ばれる書式で記述する。

2 実際の画像ファイルを読み込む

　実際の画像ファイルを読み込むには、画像用に1行あけてから、次の図のいずれかの手順で操作します。

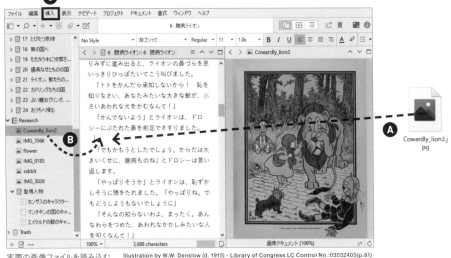

実際の画像ファイルを読み込む

Illustration by W.W. Denslow (d. 1915) - Library of Congress LC Control No.:03032405(p.81)
Dorothy meets the Cowardly Lion, from "The Wonderful Wizard of Oz" first edition.

238

Ⓐ エクスプローラーからファイルのアイコンを本文中へドラッグ＆ドロップします。

Ⓑ すでに資料としてプロジェクトへ読み込んでいる場合は、バインダーのアイコンを本文中へドラッグ＆ドロップします。

Ⓒ ［挿入］→［ファイルから画像を挿入］を選び、目的のファイルを選択します。

　この方法では、実際の画像ファイルがプロジェクトフォルダへ収められます。そのため、プロジェクトフォルダをほかのドライブやPCへ移動しても、リンクが失われることがありません。もっとも簡単で確実な方法といえるでしょう。

　ただし、配置した画像のぶんだけプロジェクトのファイルサイズも増えていきます。画像ファイルのサイズが大きい場合や、点数が多い場合は注意する必要があります。

　読み込んだ画像の画面上でのサイズを調整するには、画像の右下をドラッグするか、画像を右クリックして［Scale Image...］を選んで開いたウィンドウで行います。回り込みや装飾のような機能はありません。

配置した画像を管理する

3 ┃ 画像ファイルへのリンクを登録する

　画像ファイルへのリンクを登録するには、画像用に1行あけてから、［挿入］→［ファイルから画像リンクを挿入］を選び、目的のファイルを選択します。

　この方法では、画像ファイルが保存されている場所（パス）の情報だけを保管するため、プロジェクトファイルの肥大化を抑えられます。ただし、配置した後に画像ファイルの名前を変更しただけでリンクが失われますし、リンクのみを修正する機能はありません。

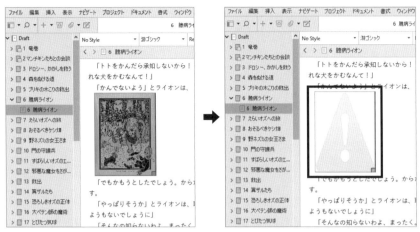

画像が配置された状態 　　　　　　　　　　　　　　　画像へのリンクが失われた状態

　本文中に画像を配置する場所に、「プレースホルダータグ」というScrivener独自の書式を使って、ファイルのパス（場所）を指示できます（「6.3.5 章の番号や連載の話数を自動的に振る」を参照）。プレースホルダータグはコンパイル時に実行されるため、プロジェクトウィンドウでは画像を確認できません。

プレースホルダータグを使って画像を配置する

🅐画像を配置するタグは「<$img:（ファイルへのパス）>」という書式で記述します。

　この方法の利点は、タグは通常の文章ですので、後からプロジェクト置換機能などを使って一括してフォルダ名を変更するなどの操作が簡単であることです。また、プロジェクトファイルの肥大化も避けられます。原稿を書き終えた後に画像の内容を編集しても、再度コンパイルすれば最新の画像が使われます。
　一方の欠点は、正確なパスを含めたタグの記述が面倒であることと、タグの実行結果を確かめるにはコンパイルした出力を参照する必要があることです。

NOTE エクスプローラーでファイルをコピーし、Scrivenerで[編集]→[スタイルを合わせて貼り付け]を選ぶと、ファイルのパスをペーストできます。画像の点数が少なければ手作業でタグを書いても現実的でしょう。

COLUMN 画像を配置するタグを自動生成する

　プレースホルダータグや画像のパスを正確に記述するのはたいへん面倒ですので、筆者は「AutoHotKey」（www.autohotkey.com）というユーティリティを使って「所定のキーボードショートカットを押すと、エクスプローラーで選択しているファイルのパスを取得し、プレースホルダータグを生成し、Scrivenerへペーストする」というプログラムを作成しました。スクリプトは以下のとおりです。

```
#^!P::                                    ;実行するショートカットをWin+CTRL+Alt+Pに割り当て
clipboard =                               ;クリップボードを初期化
Send, ^c                                  ;エクスプローラーで選択中のアイテムをコピー
myStr := RegExReplace ( clipboard, "^file:///", "")
clipboard = <$img:%myStr%>                ;プレースホルダータグを作成
SetTitleMatchMode, 2                      ;ウィンドウタイトル部分一致モードを指定
WinActivate, Scrivener                    ;「Scrivener」の文字列が含まれるウィンドウを前に
clipboard = %clipboard%                   ;プレーンテキストへ変換
Send, ^v                                  ;ペーストを実行
return
```

　実際には、適宜「Sleep, 30」を入れてウェイトを掛けると、動作が安定するようです。環境によって値はさまざまのようですし、スクリプトにも改善の余地はありますが、興味がある方は試してみてください。

　本書には500点以上の画像がありますが、上記のようにタグを自動生成できたことで、タグやパスを書き間違えるおそれがなく、実際の画像を組み込んだ状態で推敲できるようになりました。

---

5 用途に応じて方法を選ぶ

　Scrivenerは本文中に画像を配置することはできますが、レイアウトに関してはサイズを変える機能しかありません。それでも、自分で推敲するために使うなど、簡易的なレイアウトでも役に立つ要望に対しては十分という場合もあるでしょう。

　一方、画像だけでなく、縦組みや回り込みなどのさまざまなレイアウト機能が必要な場合は、コンパイルしてWord形式で出力し、Wordや一太郎などでレイアウトを整えるのがよいでしょう。ここで紹

Chapter **5** 本文を書く・資料と管理編

介したいずれの方法を使って画像を組み込んでも、Word形式でコンパイルすれば、インライン画像として配置されます。

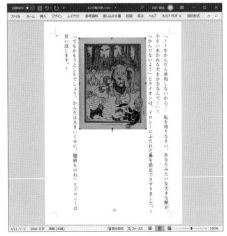

挿し絵を入れたのちにWord形式でコンパイルし、Wordの機能を使って縦書きにした例

　なお、商業出版では画像ファイルは本文とは別に支給するのが一般的ですので、プレースホルダータグを使った方法で記述し、プレーンテキストと画像ファイルを用意するのがよいでしょう。Word形式でコンパイルした場合にScrivenerが内部でどのような処理を行っているかわかりませんし、画質は何も変換しない状態が最もよいはずです。商業出版では可能な限り画質の高いファイルを求められますし、少しでもトラブルを避けたいため、インライン画像で出力したファイルをそのまま使うことはおすすめできません。

COLUMN 簡易レイアウトを推敲に使う

　本書のような画像がとくに多い書籍では、原稿中で画像をどのように指定するか、またそれをどのようにチェック（推敲）するかが重要な課題になります。Scrivenerを導入する以前は原稿中に画像ファイル名を手作業で記述していましたが、ファイル名の転記間違いや記載抜けに気づかないこともありました。

　本書の執筆にあたっては、プレースホルダータグを使って画像を配置し、推敲時には画像を組み込んでiPad Airで読みやすいサイズに簡易レイアウトしたPDFを、脱稿時には画像ファイルの名前だけを組み込んだプレーンテキストを出力しています。これにより、自分で推敲するときは実際の画像を組み込んだ状態で行えますし、編集者用には編集・DTP作業に適したプレーンテキストを作れるようになりました。

　このような処理はパターン化できるので、それぞれにコンパイルの設定を作成すれば、次回からは設定を切り替えて実行するだけです。1つの原稿から用途に合わせて複数のバージョンを作るには、コンパイル機能はたいへん役立ちます。

Chapter

6

出力する

執筆した原稿を出力するには「コンパイル」という
操作が必要です。多機能ですが複雑ですので、簡
単な設定から始めましょう。脱稿時だけでなく、
執筆中の推敲にも役立ちます。コンパイル以外の
出力方法も紹介します。

コンパイルの概略

コンパイルは一般的な文書作成アプリにはない特徴的な機能で、さまざまな定型処理を自動で行えるようになりますが、仕組みも設定も複雑です。まずはもっともシンプルな設定で実行してみましょう。

1 コンパイルとは

　プロジェクト内の原稿は複数のアイテムに分かれているので、Scrivenerから離れて原稿を通して読みたい場合や、別のアプリでレイアウトをしたい場合、誰かに提出する場合などには、1つのファイルへまとめたうえで出力する必要があります。この操作を「コンパイル」と呼びます。

　コンパイルの作業と流れはおおむね次のようなものです。

① **原稿から指定した要素を取り出す**
　　例）見出し（フォルダの名前）のみ／見出しと「概要」属性／見出しと本文

② **指定した書式やルールに基づいて、レイアウトや処理を行う**
　　例）見出しはゴシック体の18pt中央寄せ、本文は明朝体の10.5pt／文字列の置換

③ **指定したファイル形式で出力する**
　　例）プレーンテキスト／RTF／Word形式／PDF

　これらの指定の組み合わせは、コンパイルに使う定型処理という意味で「コンパイルフォーマット」と呼ばれます。要望に応じてコンパイルフォーマットを使い分けることで、1つの同じ原稿からさまざまな出力を得られます。

NOTE
「コンパイル」は、コンピューター用語では、プログラムの原文を実行可能なバイナリ形式へ変換する作業のことです。おもに文芸作品を執筆するScrivenerには不似合いに思えるかもしれませんが、「異なる要素のものを組み合わせて1つのものを作る、（辞書などを）編さんする」という、editに似た意味もあります。音楽アルバムなどで使う「コンピレーション」（compilation）という言葉は、compileの名詞形です。

2 コンパイルの流れ

　コンパイルはできることが多い反面、設定も複雑です。まずはもっとも簡単な設定を使って、操作の流れを把握しましょう。ここでは例として、本編中に見出しがない「シンデレラ」のプロジェクトを、1つのプレーンテキストに出力します。このプロジェクトは「Draft」フォルダ直下にテキストが並ぶだけの、短編では典型的な構成です。なお、すべてのアイテムには名前を付けています。

◉ コンパイルの設定を始める

コンパイルを始めるには、［ファイル］→［コンパイル］を選ぶか、ツールバーにある「コンパイル」ボタンをクリックします。この後に多くの設定をする必要があるので、実際には「コンパイルを設定するウィンドウを開く」コマンドです。

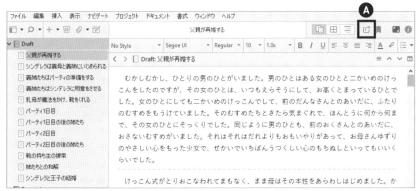

サンプルプロジェクトと「コンパイル」ボタン

Ⓐ「コンパイル」ボタン

すると大きめのウィンドウが開きます。この「Compile」ウィンドウは大きく4つに分かれています。前の設定が次の設定にも影響するので、設定の操作も図中のABC順で行ってください。

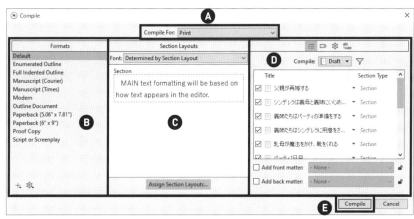

コンパイル設定のダイアログ

Ⓐ「Compile For」：コンパイルした結果を出力するファイルの形式を選びます。

Ⓑ「Formats」：コンパイルを実行するときに使うコンパイルフォーマットを選びます。新規作成や内容の変更もこの領域から行います。

Ⓒ「Section Layouts」：各セクションに割り当てるセクションレイアウトを指定します（「6.2.5 セクションレイアウトを作成する」を参照）。

Ⓓ そのほかの設定：永続的な設定は**Ⓑ**で行いますが、一時的な設定をおもにここで行います。4つのアイコンで画面を切り替えられます。

Ⓔ 「Compile」：設定に従ってコンパイルを始めます。

◉ コンパイルの設定と実行

コンパイルの設定を行い、実行して、ファイルを出力してみましょう。途中でいくつかの用語が登場しますが、詳細は次節「6.2 最小限のコンパイルフォーマットを自作する」で紹介するので、いまは操作を進めてください。

STEP 01
「Compile for」では、「Plain Text」を選びます。最初にファイル形式を選ぶのは、サポートされる機能が変わるからです。たとえばフォントの種類の設定は、プレーンテキストではサポートされないので設定する必要がありませんが、PDFやWord形式であれば必要になります。

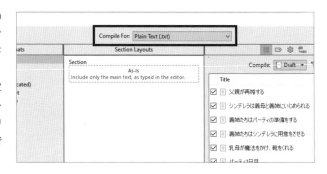

STEP 02
「Formats」では、先頭にある「Default」をクリックして選びます。いま表示されているものは、あらかじめ内蔵されているコンパイルフォーマットです。

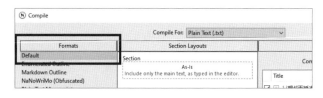

STEP 03
「Section Layouts」では、下端にある「Assign Section Layouts...」ボタンをクリックします。ここに表示されているのはプレビューで、実際の割り当ては別のウィンドウで行います。

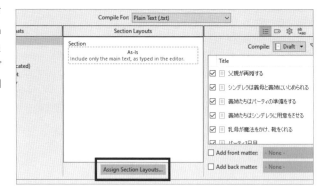

STEP 04

このウィンドウでは、左側で選んだセクションタイプに対して、右側で選んだセクションレイアウトを割り当てます。まず、左側の「Section Types」にある「Section」をクリックして選びます。これは「Section」という名前のセクションタイプです。

次に、右側のリストを下へスクロールして、末尾の「As-Is」《現状どおり》をクリックして選びます。これは、「特別なレイアウトを指定せずに、Scrivenerの画面でのフォントやサイズの設定をそのまま使う」というものです。

これで、「Section」という名前のセクションタイプに対して、「現状のまま」という割り当てができました。「OK」ボタンをクリックしてウィンドウを閉じ、元のウィンドウへ戻ります。

STEP 05

ウィンドウ右下の「Compile」ボタンをクリックして、コンパイルを実行します。

4番目の領域は、必ずしも設定する必要はありません。

STEP 06

ファイル保存のウィンドウが表示されたら、出力するファイルの名前を入力し、「保存」ボタンをクリックします。ファイル名は自由に決めてかまいません。

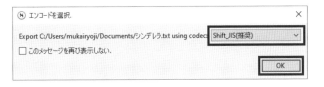

STEP 07

出力するファイルの文字コードを尋ねられます。ここでは「Shift_JIS」が選ばれていることを確かめて、「OK」ボタンをクリックして続行します。

ファイル形式によっては、このように追加の設定を尋ねられる場合があります。

STEP 08

コンパイルが終わってもメッセージは表示されませんが、自動的に「Compile」ウィンドウが閉じるので、プロジェクトウィンドウへ戻ればコンパイルは終了です。

作業中は進行状況を示すウィンドウがいくつか開きますが、ファイル名やボタン操作を求めるものでない限り、何もする必要はありません。

> **NOTE**
> コンパイルにかかる時間は、原稿の長さやコンパイルフォーマットなどによって大きく変わります。たとえば、この「シンデレラ」は10秒程度で完了します。本書の原稿全体(約20万字、画像約500点)では、画像を組み込んだPDFを出力するのに約2分、画像を使わずプレーンテキストを出力するのに約1分15秒かかりました(いずれもCore i7のノートPCでの実測)。

STEP 09

出力したファイルを開いて内容を確かめてください。

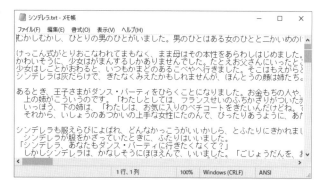

> **NOTE**
> 出力したテキストファイルをよく見ると、テキストの区切りと同じ場所に空白行があります。これは、「Default」のコンパイルフォーマットに「テキストの区切りには空白行を挿入せよ」という設定があるからです。これを挿入しない状態で出力するには、コンパイルフォーマットを自作する必要があります(設定については「6.3.2 テキスト区切りの空白行をなくす」を参照)。

3 設定を少し変えてコンパイルする

次に、設定を少しだけ変えてコンパイルした例を紹介します。使用するコンパイルフォーマットを変えたり、割り当てるセクションレイアウトを変更すると、1つのプロジェクトからさまざまな出力ができることがわかります。

● 番号付きの目次を出力する

別のコンパイルフォーマットを使ってコンパイルしてみましょう。[ファイル]→[コンパイル]を選び、以下の手順で設定を変えてコンパイルを実行してください。

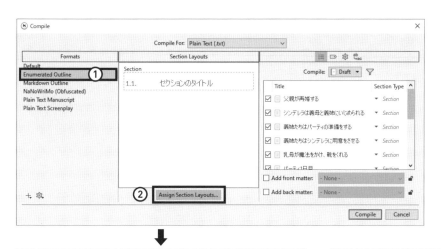

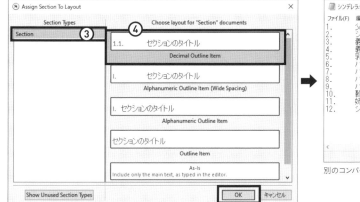

別のコンパイルフォーマットを使ってコンパイルする

① 「Formats」では「Enumerated Outline」《列挙されたアウトライン》をクリックします。

② 「Assign Section Layouts...」ボタンをクリックします。

③ ウィンドウの左側で「Section」をクリックします。

④ ウィンドウの右側で先頭にある「Decimal Outline Item」《番号付きアウトライン》をクリックし、「OK」ボタンをクリックしてウィンドウを閉じます。
元のウィンドウへ戻ったら「Compile」ボタンをクリックします。

⑤ 出力されたファイルを確かめてください。この設定では、アイテムの名前を取り出すコンパイルフォーマットを使い、さらに連番を振っています。設定によって出力結果が大きく変わったことがわかります。

● PDFへ出力する

もう1つ、今度はPDFへ出力する例を紹介します。［ファイル］→［コンパイル］を選び、以下のように設定を変えてください。

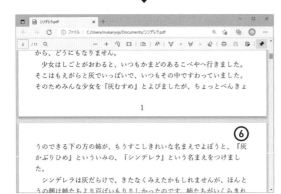

必要最小限の設定でPDFへ出力する

① 「Compile For」を「PDF」へ変更します。
② 「Formats」を「Default」へ変更します。
③ 「Assign Section Layouts...」ボタンをクリックし、本節で最初に実行したときと同じように、「As-Is」を選びます。
④ 「Font」を本文では使っていなかったものへ変更します。この例では、本文ではゴシック体を使っていたので、明朝体を選びました。
⑤ 「Compile」ボタンをクリックしてコンパイルを実行し、表示に従って操作してください。
⑥ 出力されたファイルを確かめてください。

④の設定は、「Compile For」にプレーンテキストを指定したときは表示されませんでした。プレーンテキストではそもそもフォントを指定できないからです。

出力されたPDFを確かめると、プロジェクトでは本文がゴシック体で、セクションレイアウトに「As-Is」を指定しましたが、出力されたPDFでは明朝体になっています。これは、⑤の設定が反映されたからです。

また、ページ下端にはページ番号（ノンブル）が挿入されています。これは、「Default」のコンパイルフォーマットがノンブルをフッター中央に入れるように指定しているからです。

このように、PDFやWord形式で出力するとフォントやフッターなど、レイアウトに関する設定を指定できるようになります。

NOTE ④の設定は、コンパイルフォーマットにかかわらず、指定したフォントですべて上書き指定するものです。本来であれば、使用するフォントを変えるにもコンパイルフォーマットを自作する必要がありますが、「Section Layouts」の「Font」の設定は細かなフォーマット設計をする必要がないので、印刷用に明朝体が使ってあれば十分というような場合に便利です。

6-2 最小限のコンパイルフォーマットを自作する

コンパイルの流れがわかったので、次は必要最小限の設定でコンパイルフォーマットを自作してみましょう。ここでの課題は「セクション」「セクションタイプ」「セクションレイアウト」を理解することです。

1 なぜコンパイルフォーマットを自作するのか

　必要や好みに合わせたファイルを出力するには、コンパイルフォーマットを自作する必要があります。たとえば「Default」のコンパイルフォーマットを使うと、前節での出力結果のようにテキストを区切った箇所に空白行が入ります。これは推敲（見直し）時には必要な場合もありそうですが、完成原稿には不要でしょう。この空白行を削除するには、「テキスト区切りの箇所に空白行を入れない」という設定のコンパイルフォーマットを作る必要があります。

　本節では、必要最小限の設定でコンパイルフォーマットを自作する手順を紹介します。1度作成した後は随時内容を更新すればよいので、いま重要なことは、とにかく自作することです。

　コンパイルフォーマットを自作するに当たり、必要最小限の手順を覚えましょう。ここでの課題は3つあります。

- コンパイルフォーマットの作成・編集方法
- セクションの設定
- セクションをレイアウトに割り当てる

　サンプルには章見出しと本文から構成される「オズの魔法使い」のプロジェクトを使い、完成原稿のプレーンテキストを出力するコンパイルフォーマットを作ります。これを出力できれば、Scrivenerで書いた原稿をWordや一太郎などの一般的なアプリで仕上げることもできるようになります。なお、テキスト区切りの空白行を作らないなどの実用的な設定は、「6.3 コンパイルフォーマットの実践例」で紹介します。

2 セクション形式を作成する

　コンパイルフォーマットを作る前に、「セクション形式」（セクションタイプ）の設定を行います。セクションとは、作品の構成にもとづく文書構造を決めるものです。具体的には、①階層の深さ、②「フォルダ／ファイルグループ／テキスト」の種別から決められます。

Chapter **6** 出力する

NOTE 実際にはもう1つ、内容に応じて自由に決められるものがあります。たとえば、この記事を書いている「NOTE」という名前を付けた囲み記事は、本文と同じ階層にあるテキストですが、本文とは別の扱い方になるので、別のセクションタイプとして作成する必要があります。小説で本文の章と同じ階層に「プロローグ」や「エピローグ」を置いて、通常の章とは別の扱い方をしたい場合も同じです。この仕組みにより複雑な構成の作品が扱えるようになるのですが、複雑になるので本書では省略します。

◉ 階層の深さの数え方

　階層の深さは、「Draft」フォルダ直下を第1階層として数えます。コンパイル機能は原稿を取りまとめるものですから、原則として、「Draft」フォルダ内部のアイテムのみを取り扱うからです。バインダーの最上位は第1階層ではないので注意してください。

　以下、階層が下がるごとに、第2、第3……と数えます。実際の書籍では「章－節－項」、「部－章－節」、「PART－Chapter－Section」など、さまざまな呼び方をつけますが、コンパイルフォーマットの設定では階層の深さを意識してください。

階層の数え方

◉ セクションの設定を確認する

　ここでとりあげる「オズの魔法使い」では、第1階層にあるフォルダが章見出し、第2階層にあるテキストが本文です。ただし、フォルダは第1階層にのみ、テキストは第2階層にのみあるので、まとめて扱うことにします。結果、次の2つのセクションタイプが必要です。

- すべての階層にあるフォルダを、「見出し」という名前のセクションタイプとする。
- すべての階層にあるテキストを、「本文」という名前のセクションタイプとする。

　実はこのようなごく基本的な設定は初めから登録されているのですが、複雑な構成を扱う場合のために、セクションの設定を確認してみましょう。

| STEP 01 | ［プロジェクト］→［プロジェクトの設定］を選びます。文書構造は作品によって異なるため、セクションタイプの設定はプロジェクトの設定に含まれます。コンパイルフォーマットではないので注意してください。 |

| STEP 02 | ウィンドウ左側の「セクション形式」カテゴリー、「セクション形式」タブが選ばれていることを確かめます。
「Heading」は見出しの意味です。「Section」は基本セクション、一般的には本文を指します。 |

| STEP 03 | 名前をダブルクリックすると変更できます。「Heading」を「章見出し」、「Section」を「本文」と変えます。 |

| STEP 04 | 「文書構成によるデフォルトの形式」タブへ切り替え、内容を確かめてください。ここでは、階層の深さとアイテムの種別に応じて初期設定とするセクションタイプを割り当てます。フォルダやファイルを作るたびに設定するのは手間がかかるからです。 |

たとえば設定の1行目を見てください。「すべて フォルダー」は「すべての階層のフォルダ」の意味で、それに対して「章見出し」という名前のセクションタイプを割り当てるという設定です。

3行目では、「すべて ファイル」つまり「すべての階層のテキスト」に対して、「本文」という名前のセクションタイプを割り当てています。

| STEP 05 | 「OK」ボタンをクリックしてウィンドウを閉じます。 |

◉ 原稿でのセクション割り当て状況を確認する

　セクションタイプが実際の原稿に割り当てられている状況を確認・変更する方法は、次の図のとおりです。

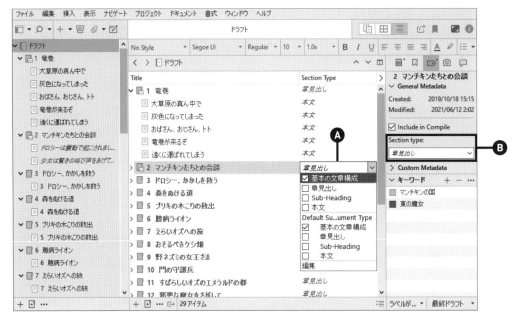

各アイテムに割り当てられているセクションタイプを確認する

A アウトライン表示で「Section Type」を表示するように設定します。ダブルクリックして変更できます。

B インスペクターの「Custom Metadata」タブにある「Section Type」欄で変更できます。

　いずれも、メニューを開くと「基本の文書構成」という項目があり、手動で変更しないかぎり、これが割り当てられています。これは「プロジェクトの設定」ウィンドウで設定したとおりの初期設定が使われるという意味です。結果として、斜体で示されているように、フォルダには「章見出し」、テキストには「本文」のセクションタイプが設定されているのと同じになります。

　もしもほかのセクションタイプへ変更したいときは、このメニューから操作します。初期設定へ戻すには「基本の文書構成」を選びます。

　なお、表示ではチェックボックスが使われていますが、割り当てられるセクションタイプは1つです。1つのアイテムに複数のセクションタイプを割り当てられるわけではありません。

3 コンパイルフォーマットの新規作成

　いよいよ、新しいコンパイルフォーマットを作ります。まず、コンパイルフォーマット自体を扱う手順を紹介します。

STEP
01

[ファイル] → [コンパイル] を選びます。

STEP
02

ウィンドウが開いたら、「Compile For」の設定を「Plain Text」にします。
必要な操作ではありませんが、いまから作るのはプレーンテキスト用ですので、合わせておきましょう。

STEP
03

「Format」欄の下端にある＋アイコンをクリックして [New Format...] を選びます。これで、フォーマットを新規作成できます。

 NOTE 歯車のアイコンをクリックして開くメニューからは、選択したコンパイルフォーマットの削除、フォーマットファイルの書き出しと読み込みができます。なお、内蔵のフォーマットは削除できません。

STEP
04

大きなウィンドウが開きます。ここでコンパイルフォーマットのさまざまな設定を行っていきます。
まず、「Format Name」欄に、このフォーマットの名前を付けます。ここでは「長編小説用」としましたが、自由につけてかまいません。

Chapter **6** 出力する

NOTE 「Format Name」欄の下にある「Save To」は、このフォーマットの保存先を指定するもので、このプロジェクト内に保存する「Project Formats」と、このアプリ内に保存してほかのプロジェクトでも使えるようにする「My Formats」から選べます。後からでも変更できますし、ほかのPCへプロジェクトを移動したときにも使えるので、ここでは「Project Formats」をおすすめします。

STEP
05

ウィンドウ右下の「保存」ボタンをクリックして、ウィンドウを閉じます。
ここではとりあえず作成だけ行って、設定内容は後で修正していくことにします。

STEP
06

元のウィンドウへ戻ると、「Porject Formats」という見出しの下に、いま作成したコンパイルフォーマットが並んでいます。
自作のコンパイルフォーマットは「Project Formats」または「My Formats」、内蔵のコンパイルフォーマットは「Scrivener Formats」に分類されます。

STEP
07

コンパイルを実行せずに中断するには「Alt」キーを押しながら「Compile」ボタンをクリックします。キーを押している間だけ「Save」ボタンになるので、設定を保存してウィンドウを閉じられます。

4 フォーマットを再編集する

　実際のコンパイルフォーマット作りでは、最初にすべての設定を行って完成することはまずないでしょう。ある程度まで作成した後は、要望や活用のアイデアに応じて、何度でも再編集してバージョンアップしていくことになります。

　すでに作成したフォーマットを再編集するには、2つの方法があります。

256

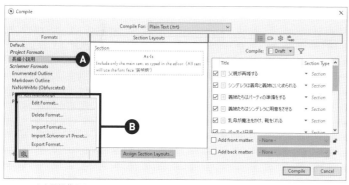

フォーマットを再編集する

A フォーマットの名前をダブルクリックします。

B 目的のフォーマットをクリックしてから、歯車のアイコンをクリックして[Edit Format...]を選びます。

以後、本章ではコンパイルフォーマットを編集するウィンドウを開閉する操作は省略します。

5 セクションレイアウトを作成する

以降は、フォーマット編集のウィンドウで細かな設定を行っていきます。まずは、「セクションレイアウト」の設定です。

セクションレイアウトとは、個別のセクションに対して設定するレイアウトのことです。見栄えだけでなく、アイテムの名前に対する文字列の操作など、さまざまな処理ができます。

このプロジェクトでは「章見出し」「本文」という2つのセクションタイプを作ったので、それぞれに対応するレイアウトを作ります。

STEP 01

フォーマット編集のウィンドウを開いて、「Section Layouts」カテゴリーが選ばれていることを確かめます。ウィンドウ右側にある「Section Layouts」には、すでに多くのセクションレイアウトが登録されています。

STEP 02

右上にある「−」を使って、すべてのセクションレイアウトをいったん削除します。
既存のセクションレイアウトにはさまざまな設定が行われているので、新しく作ってみましょう。

STEP
03

「＋」ボタンをクリックして、章見出し用の新しいレイアウトを作ります。名前は好みでかまいませんが、ここでは「章見出し用」としました。続けて、「タイトル」の列のチェックボックスをオンにします。これは、「章見出し用」のセクションレイアウトを割り当てられたアイテムか

ら、タイトルを取り出してレイアウトへ出力するという設定です。これを「章見出し」のセクションタイプが割り当てられたアイテム、つまりフォルダへ適用すれば、フォルダの名前がレイアウトされます。

STEP
04

右下で「Title Options」タブが選ばれていることを確かめてから、「Title Prefix」《接頭辞》には「●●●（全角スペース）」、「Title Suffix」《接尾辞》には「（全角スペース）○○○」と入力します（図では見えませんが、スペースも入れてください）。記号は何でもかまわないので、自由にアレンジしてください。

この設定は、このレイアウトのタイトルに対するオプションで、接頭辞とは先に付く語句、接尾辞とは後に付く語句のことです。たとえば、アイテムの名前が「1 竜巻」であれば、コンパイルすると「●●● 1 竜巻 ○○○」となって出力されます。

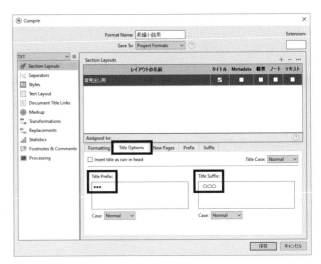

　ここでは必要最小限の設定を行いましたが、章節項のように見出しの階層が複数あり、それぞれに異なる加工をしたい場合は、このウィンドウでそれぞれのレイアウトを追加します。

6 ┃ セクションレイアウトを割り当てる

前項で作ったセクションレイアウトを、セクションに割り当てましょう。

STEP
01

「Section Layouts」欄の「Assign Section Layouts...」ボタンをクリックします。

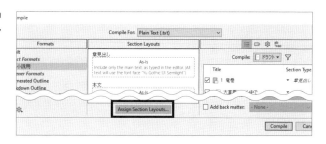

STEP
02

ウィンドウが開いたら、左側の「章見出し」をクリックしてから、右側の「章見出し用」をクリックします。これで、「章見出し」セクションに対して、「章見出し用」レイアウトが割り当てられます。

同様に、左側の「本文」を、右側の「As-Is」に割り当てます。

最後に「OK」ボタンをクリックしてウィンドウを閉じます。

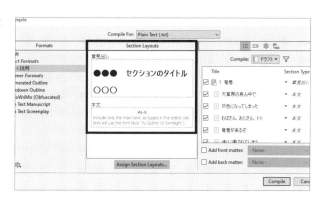

このウィンドウの右側に現れるのは、選択しているコンパイルフォーマットに含まれるセクションレイアウトと、何もレイアウトを行わない「As-Is」です。

STEP
03

「Section Layouts」の欄が、設定に従ってプレビューが変わったことに注目してください。

以後、セクションレイアウトの見栄えを変えたり、接頭辞・接尾辞を変えたりすると、この欄に反映されます。複数のコンパイルフォーマットを使い分けるようになったときに便利です。

STEP
04

「Compile」ボタンをクリックして、コンパイルを実行します。

STEP
05

出力されたテキストを開いて、内容を確認してください。

フォルダの名前が、セクションレイアウトで指定したとおりに加工されて出力されているはずです。

テキストの区切りに空白行が入る

点への対処については、「6.3.2 テキスト区切りの空白行をなくす」を参照してください。

Chapter **6** 出力する

6-3 コンパイルフォーマットの実践例

コンパイルフォーマットに設定を追加して、個別の要望を実現する設定例を紹介します。いずれも数か所の設定で、字下げを統一したり、ルビの書式をさまざまな記法に合わせたりするなど、重要な処理ができます。

1 コンパイルフォーマットは随時バージョンアップを

　前節では、必要最小限ながらもコンパイルフォーマットを自作できましたし、作成に必要な用語もフォローできました。以後は必要に応じて設定を追加または修正していくことで、思いどおりのファイルを出力できるようにバージョンアップしていきましょう。本節ではよくある要望を実現する設定の例を紹介するので、要望に応じて自作したコンパイルフォーマットへ追加してください。

　コンパイルフォーマットを自作するときは、設定を追加し、実際の出力で期待通りに出力できたことを確認し、もしもそうでなければ設定を修正する……という作業の繰り返しになります。1度で完全なコンパイルフォーマットを作るのは現実的ではないので、随時バージョンアップするつもりで追求していきましょう。

　なお、本節では、前節で作成したコンパイルフォーマットを含めたプロジェクトをそのまま使います。

 NOTE 紙数の限りもあり、レイアウトデザインに関係する機能の紹介は別の機会に譲ります。興味があればPDFやWord形式にも出力してみてください。

2 テキスト区切りの空白行をなくす

　テキストとテキストの間の空白行を出力しないように設定できます。この設定は、コンパイルフォーマットの中で行います。

テキスト区切りの空白を改行にする設定

① ウィンドウの左側で「Separators」カテゴリーを選びます。アイテムの区切りを出力する方法は「セ
  パレーター」という設定で変更できます。

② 「Default Separators」欄で「Text Files」を選びます。テキストファイルに対するセパレーター
  の初期設定を変更します。

③ 「Separator between sections」《セクション間のセパレーター》を「Single Return」《改行》へ
  変更します。

④ 空白行が出力されなくなります。「6.2.6 セクションレイアウトを割り当てる」で出力したテキスト
  ファイルと見比べてください。

なお、章のタイトルと本文の間の空白行もなくしたい場合は、③の上にある「Separator before
sections」も「Single Return」へ変更します。また、章の本文の末尾と次の章のタイトルの間の空白
は、②の「Default Separatros」欄で「Folders」を選び、「Separator before sections」《セクショ
ン前のセパレーター》で変更できます。

3 字下げを統一する

コンパイルフォーマットの置換機能を使うと、出力時に段落の字下げを自動的に統一できます。執
筆中に字下げのスペースを入れる必要がなくなりますし、商業出版物の原則である「原則字下げする、
ただし、段落の先頭が括弧の場合は字下げしない」というルールを徹底できるので、手作業によるミス
もなくなります。条件を変えれば、字下げをしないというルールで統一することもできますが、まず
は字下げする設定から紹介します。

ここで紹介するやり方は、「段落の先頭にあって、かつ、スペースでも括弧でもない文字」を検索し、
合致したら「全角スペースと、合致した文字」へ置換するというものです。このような検索置換を行う
には正規表現を使います（詳細は「5.1.6 正規表現を使う」を参照）。

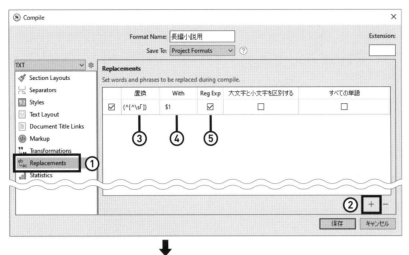

置換機能を使って字下げを統一する

① ウィンドウの左側で「Replacements」カテゴリーを選びます。

② 「＋」をクリックして置換の設定を追加します。

③ 「置換」欄に「(^[^\s「])」と指定します。

④ 「With」欄に「(全角スペース)$1」と指定します。

⑤ 正規表現を使っているので、「RegExp」欄にチェックを入れます。

⑥ 出力したファイルを開いて内容を確かめてください。

③の検索条件で使っている正規表現の記号の意味は、それぞれ次のとおりです。

- 全体を囲む丸括弧「(……)」は、合致した文字列を後で流用するためのもので、正規表現の用語で「キャプチャ」といいます。これに対応するのが「With」欄の「$1」で、数字は括弧の出現順です。つまり、「丸括弧で囲まれた1番目」となります。
- 1つめの「^」は、段落の先頭を表します。
- 「[……]」は、検索条件を列挙するものです。

- 2つめの「^」は、否定を示します。また、「\s」はスペースや空白を示すもので、これ1つで全角スペース、半角スペース、空白行（何も文字がない行）をまとめて表します。反対を向いたスラッシュ（バックスラッシュ）は、キーボードからは円記号を入力します。これらをまとめると、「[^\s「]」は「スペース、空白行、カギ括弧のいずれでもない文字」という条件になります。

これにより、たとえば本文1行目冒頭の「ドロシー」は、先頭に字下げのスペースがなければ「ド」が検索条件に合致した文字になります。

合致した文字は、正規表現では「$1」で表現できるので④は「　ド」となります。つまり「ド」を「　ド」で置換することになり、結果として字下げできます。原稿自体にスペースが入っていたり、カギ括弧で始まる段落は検索対象にならないので、置換されません。

● 字下げしない文字を増やす

出力結果の1行目を見ると、章のタイトルにした「●●●」が字下げされてしまっています。これは、セクションレイアウトで記号が配置された後に置換が実行されたため、全角スペースではない「●」で始まっている段落の冒頭も字下げされてしまったためです。

ほかにも、前記の条件では、丸括弧、二重カギ括弧、米印なども除外されていないので、字下げされてしまいます。原稿によってはさまざまな記号類が段落冒頭に現れることがあるので、必要に応じて字下げしない文字、つまり、検索から除外したい文字を追加する必要があります。

前図の③を「(^[^\s「『(●※])」へ書き換えます。コンパイルした結果を見比べてください。

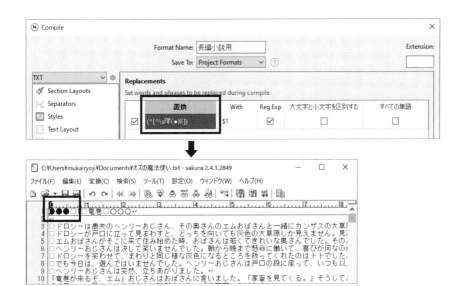

字下げしない文字を増やして実行した

● スペースを削除する

筆者の編集経験からすると、現実の原稿では、（全角ではなく）半角スペースを使う、スペースを2個以上入れる、括弧の前にスペースを入れるなどのケースが見られます。

そのような原稿に対処するには、条件を増やして順に置換します。つまり、字下げのスペースを入れる前に段落先頭のスペースをまとめて削除し、それから全角スペース1個を使って字下げします。

コンパイルフォーマットの「Replacements」カテゴリーの設定は上から順に実行されるので、先に「段落先頭に1個以上のスペースがあるか検索し、合致すれば削除する」という設定で置換を行い、その後に前記した字下げを行うことにしましょう。

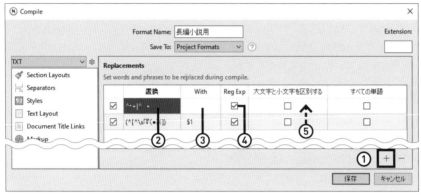

段落冒頭のスペースを先に削除する設定

①「＋」をクリックして置換の設定を追加します。順序は後で入れ替えます。
②「置換」欄に「＾（半角スペース）＋|＾（全角スペース）＋」と指定します。
③「With」欄には何も入力しません。結果として、合致した文字を削除します。
④正規表現を使っているので、「RegExp」欄にチェックを入れます。
⑤いま作成した設定を上へ移動して、最初に置換されるようにしましょう。置換する順序を入れ替えるには、内容が確定した状態で上下にドラッグ＆ドロップします。

②の検索条件で使っている正規表現の記号の意味は、それぞれ次のとおりです。

- 「＾」は、段落の先頭を意味します。
- 「＋」は、直前の表現を1個以上繰り返すという意味です。よって「（半角スペース）＋」は、半角スペースが1個以上という意味になります。
- 「|」は、OR（あるいは）を意味します。

半角スペースと全角スペースを1つずつ指定している点に注意してください。もしも「\s」を使って指定すると空白行にも合致してしまうため、空白行が削除されてしまいます。

● 字下げしない

これまでとは逆に、字下げする必要がない場合はどうすればよいでしょうか。そもそも原稿で字下げをしなければ十分に思えますが、うっかり打ってしまうこともあるでしょうし、既存の原稿を流用したり、他人の原稿を引用したような場合は、字下げしている場合もありえます。その場合は段落冒頭のスペースの削除だけ行えばよいので、前記した条件の2番目を削除するか、設定を残してオフにします。

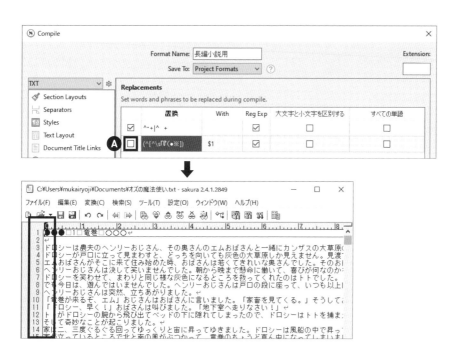

スペースを削除しただけで置換を終わりにする

Ⓐ この行の実行をオフにします。設定は残りますが実行しません。オンに切り替えれば再び実行されるようになります。

Scrivenerにはルビを指定する機能がありませんが、本文中に特別な記号類を書き込むことで「ルビを振られる本文の語句」(親字または親文字)と、「ルビの語句」(ルビ)を表現する記法は、文芸作品を多数収録する青空文庫、Webページを作成するHTML、多くの小説投稿サイトなどで広く使われています。

たとえば、青空文庫の記法では、「漢字」という親字に対して「かんじ」とルビをつけるには、次のように表記します。

| ｜漢字《かんじ》

青空文庫の記法(記号は全角を使う)

青空文庫式の記法は、全角の記号を使うため執筆時に入力しやすい、「小説家になろう」をはじめとする多くの小説投稿サイトでもそのまま使われている、読み込みに対応するワープロやビューアがある、などの利点があります。このような記法はほかにもあります。

`<ruby><rb>漢字<rt>かんじ</ruby>`

HTMLの記法

`[[rb:漢字 > かんじ]]`

pixivの記法

`#漢字__かんじ__#`

アルファポリスの記法

`｜漢字（かんじ）`

ノベルバの記法

　しかし、このようなタグを書くのは面倒ですし、複数の小説投稿サイトを使っている場合は記法を書き分ける必要もあります。

　コンパイルの置換機能を使えば、シンプルで汎用性の高い青空文庫式で記述したルビ指定を、別の記法へ変換できます。これにより、執筆時には青空文庫式だけを使えばよいうえに、発表先に応じて書き換える手間がなくなります。

　では、まずは青空文庫式の記法をHTMLへ変換するコンパイルフォーマットを作ってみましょう。

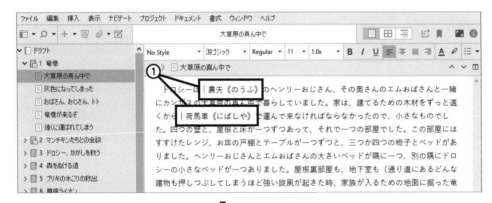

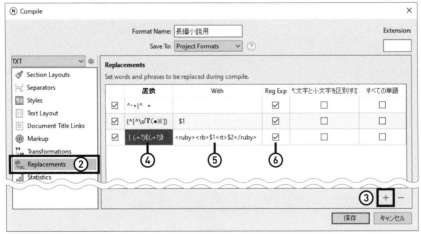

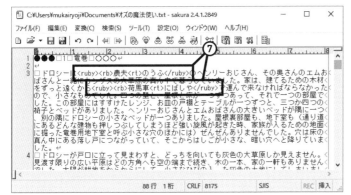

青空文庫式のタグ表現をHTMLへ変換する

① 原稿にルビの指定を青空文庫式の記法で書き込みます。

② コンパイルフォーマットの編集ウィンドウを開き、ウィンドウの左側で「Replacements」カテゴリー
を選びます。

③ 「+」をクリックして置換の設定を追加します。

④ 「置換」欄に「｜(.+?)《(.+?)》」と指定します。

⑤ 「With」欄に「<ruby><rb>$1<rt>$2</ruby>」と指定します。キャプチャの$1と$2を、HTML
の書式にあわせて記述したものです。

⑥ 「RegExp」欄にチェックを入れます。

⑦ コンパイルを実行して出力されたファイルを確認してください。

④と⑤の検索条件で使っている正規表現の記号の意味は、それぞれ次のとおりです。

- 「.」は、任意の1文字です。
- 「+」は1回以上の繰り返しを表しますが、「+?」とすると、条件に合う文字列で最も短い語句を表します。
  ルビが狭い範囲に複数出現すると、複数のルビをまとめて1つと判定してしまうことがあるので、それを防
  ぐためです。よって、「｜(.+?)《」は、「｜」と「《」で挟まれた文字列のうち、最短の範囲を表します。
- 2つの丸括弧「(……)」はキャプチャで、1つめのものが親字、2つめのものがルビにあたります。これらを
  ⑤の置換文字列の「$1」と「$2」で流用します。

● 複数の記法を使い分ける

前図④の方法で、親文字とルビを取り出すことはできたので、⑤をそれぞれの記法に合わせて書き
換えれば、複数の記法を使い分けることができます。続いて、pixiv式の記法へ出力する設定を追加し
てみましょう。

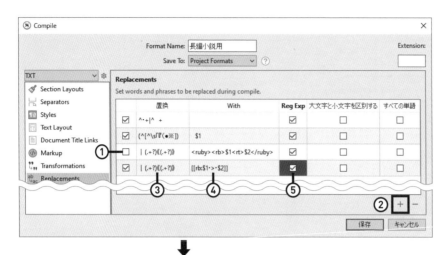

青空文庫式のタグ表現をpixiv式へ変換する

① ほかのルビの記法へ出力する設定はオフにしておきます。

② 「+」をクリックして置換の設定を追加します。

③ 「置換」欄はHTMLへ置換するときと同じです。

④ 「With」欄に「[[rb:$1（半角スペース） >（半角スペース）$2]]」と指定します。図では「 > 」の前後に点が見えますが、これは半角スペースです。

⑤ 「RegExp」欄にチェックを入れます。

⑥ コンパイルを実行して出力されたファイルを確認してください。

　同様に、「With」欄の内容を書き換えれば、そのほかの記法へも変換できます。

　ここではコンパイルフォーマットに設定をまとめて書き、必要に応じて条件をオン／オフしていますが、頻繁に切り替える場合はコンパイルフォーマットを分けたほうがよいでしょう。

5 章の番号や連載の話数を自動的に振る

構成を簡単に組み替えられることはScrivenerの利点の1つですが、そのたびに章の番号を書き換えるのは面倒です。Scrivener独自の「プレースホルダー」という機能を使うと、コンパイル時に連番を自動的に挿入できます。

◉ プレースホルダー

プレースホルダーの機能はすでに使いました（「5.9 画像を配置する」を参照）、ここで仕組みから紹介しましょう。

プレースホルダー（Placeholder）とは、後で差し替えるための暫定的な場所取りという意味で、本文中に所定の書式で命令を書いておくと、コンパイル時に実行されて指定した情報と差し替えて出力される機能です。具体的には、連番を振る、見出しの階層の番号を振る、画像を挿入する、コンパイルした日付を入れる、などのさまざまな処理を行えます。

たとえば「5.9 画像を配置する」では、<$img:（ファイルへのパス）>という書式で、画像を配置しました。コンパイルを行うとタグの命令が実行されて、パスで指定した場所にある画像ファイルと差し替えられたというわけです。

プレースホルダーで使用する命令文を「プレースホルダータグ」または単に「タグ」と呼びます。タグは、本文中に通常の文章として記述します。残念ながら文法チェッカーやコンソールのようなものはないので、資料を読みながら正確に記述する必要があります。もしもタグを間違えても、単に出力されないだけです。

◉ プレースホルダータグの例：連番を自動的に振る

タグは<$n>や<$img:……>のように、「<$」から始まり、「>」で終わります。パスやファイル名などを指定する場合を除き、タグはすべて英数半角文字で記述します。簡単な実例として、自動的に連番を振るタグ<$n>を使った例を紹介します。本文に次のように記述したとします。

```
<$n>   竜巻
<$n>   マンチキンたちとの会談
<$n>   ドロシー、かかしを救う
```

これをコンパイルすると、次のように出力されます。

```
1   竜巻
2   マンチキンたちとの会談
3   ドロシー、かかしを救う
```

つまり、本文で「1」「2」のように数字を記入したときと同じ結果になりますが、タグを使うと、執筆中に順序を入れ替えても番号を書き直す必要がありません。

　タグ以外は通常の本文として扱われるため、記号類と組み合わせられます。たとえば、「1. 竜巻」と表記するには「<$n>. 竜巻」、「第1話 竜巻」と表示するには「第<$n>話 竜巻」と記述します。

　連番を途中で1へ戻すには、<$rst>というタグがあります。これを戻したい番号の前に記述します。

```
<$n>　竜巻
<$n>　マンチキンたちとの会談
<$rst><$n>　ドロシー、かかしを救う
```

コンパイルすると、次のように出力されます。

```
1　竜巻
2　マンチキンたちとの会談
1　ドロシー、かかしを救う
```

　このように、さまざまなタグを組み合わせることで、さまざまな自動処理ができるようになります。

● 章の番号を自動的に振る

　では、プレースホルダーを使って、「第1章」のように前後に文字をつけた章番号を自動的に振ってみましょう。実際の書き方としては、まず次のようなものを思いつくかもしれません。

```
▼ 🗀 ドラフト
  ﹥ 📄 第<$n>章 竜巻
  ﹥ 📄 第<$n>章 マンチキンたちとの会談
  ﹥ 📄 第<$n>章 ドロシー、かかしを救う
```

章番号のタグをフォルダの名前に書いた例

　これも間違いではありません。実際、コンパイルをすると期待通りに「第1章　竜巻」と出力されます。しかし、プロジェクトでの見栄えがよくありません。

　セクションレイアウトの機能を使って、章のタイトルの前後に記号を付けたことを思い出してください（「6.2.5 セクションレイアウトを作成する」を参照）。タグをセクションレイアウトの中に書くことで、プロジェクトに書く必要がなくなります。

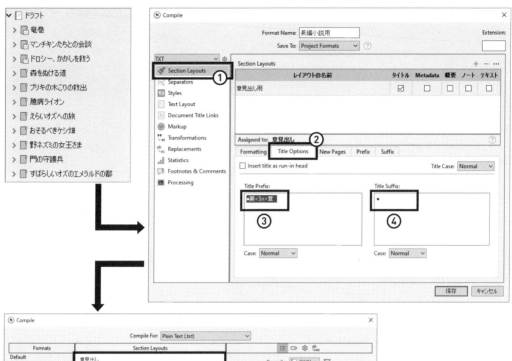

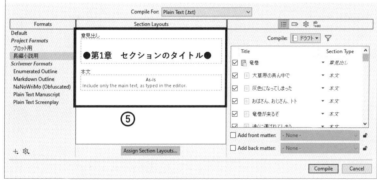

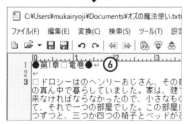

タグをセクションレイアウトの中に書いた例

① プロジェクトフォーマットを編集し、「Section Layouts」カテゴリーを選び、「章見出し用」のセクションレイアウトを開きます。

②「Title Options」タブを選びます。

③「Title Prefix」に「●第<$n>章（全角スペース）」と書きます。必要に応じて、「○その<$n>（全角スペース）」などと付与する文言を変更してもかまいません。

④「Title Suffix」に「●」と書いて保存します。必要に応じて記号を変えてもかまいません。

⑤ セクションレイアウトの内容を変更したので、「Section Layouts」欄のプレビューも変わったことに注目してください。

⑥ コンパイルを実行して出力されたファイルを確認してください。

Chapter **6**　出力する

NOTE この設定では、章番号以外で<$n>タグを使うことを考慮していません。また、第2階層以下に番号を付けるには<$hn>というタグがあり、たとえば「第2章・第3節・第4項」の意味で「2.3.4」と出力できますが、このためには階層によってセクションレイアウトを作り変える必要があります。本書では紹介しきれないので、別の機会に譲ります。

● 特定のアイテム以下を出力する

特定のアイテム以下のみに限定してコンパイルを実行できます。章番号を自動的に振る設定は、連載形式で公開することが多い小説投稿サイトに便利ですが、公開のたびに全体をコンパイルするのは時間がかかります。

必要な話数だけをコンパイルするには、コンパイル設定の4番目の欄を使います。

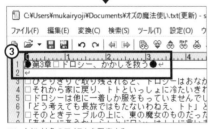

コンパイル対象のアイテムを限定する

① 「Compile」をクリックすると「Draft」フォルダにあるフォルダの一覧が表示されるので、メニューから目的のフォルダを選びます。

② 「Include text of containing group」《含めるグループのテキストを含める》とは難解ですが、①で指定したフォルダ自体もコンパイル対象にするという意味です。もしもこれをオフにすると、①で指定したアイテム、つまり章タイトルを含むフォルダの名前が出力されなくなります。

③ コンパイルを実行して出力されたファイルを確認してください。指定したフォルダ（章）だけが出力されるはずです。

6 | 目次やプロットを出力する

　執筆の進行中でも、仮目次やプロットが必要になることがあります。コンパイルを使うと必要な要素だけを取り出せるので、見出しだけ、見出しと概要だけなどを指定して出力できますし、書きかけの本文は出力しない設定にすれば見せる必要がなくなります。

　今回は少し長くなるのでステップ式で紹介します。

STEP 01　バインダーの第1階層にあるフォルダの「概要」属性に各章のプロットを書きます。

STEP 02　[ファイル] → [コンパイル] を選びます。
今回は出力する対象自体が異なるため、コンパイルフォーマットは専用のものが必要です。前項で使った「長編小説用」を選び、歯車のアイコンをクリックして [Duplicate & Edit Format...]《複製して編集》を選んで、前項までで作ったものを複製します。ここでは「プロット用」という名前にしました。

STEP 03　「プロット用」コンパイルフォーマットの内容を編集します。「Section Layouts」カテゴリーを選びます。

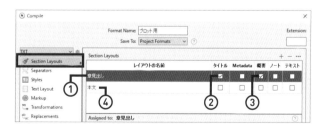

①章見出し用のセクションレイアウトを作ります。既存のものを編集してもかまいません。

②「タイトル」欄をオンにして、アイテムの名前を出力するようにします。

③「概要」欄をオンにして、アイテムの「概要」属性を出力するようにします。もしも目次だけを出力したいときは、ここはオフにしておきます。

④もう1つ、本文用のセクションレイアウトを作ります。ただし、今回は本文に何も出力しないようにさせるためのものですので、5つのチェックボックスはすべてオフにします。

続けて「Separators」カテゴリーを選び、「Default Separators」→「Folders」を選び、「Separator before sections」《セクションの前のセパレーター》を「Empty Line」《空白行》に設定します。これで、フォルダの間に空白行が作られます。初期設定では「Page Break」であるため、プレーンテキストへ出力したときに多数の空白行が作られてしまいます。
「保存」ボタンをクリックしてウィンドウを閉じます。

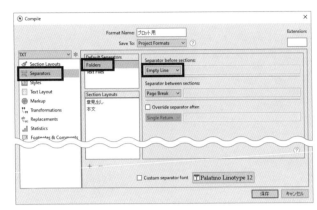

「Assign Section Layouts...」ボタンをクリックして、「章見出し」のセクションタイプに、「章見出し」のセクションレイアウトを割り当てます。
続けて、「本文」のセクションタイプに、STEP 03で作った「本文」のセクションレイアウトを割り当てます。もしもほかのセクションレイアウトを割り当ててしまうと意図せず本文が出力されてしまうおそれがあります。たとえば、もしも「As-Is」のセクションレイアウトを選ぶと、アイテムの本文を出力します。
「OK」ボタンをクリックしてウィンドウを閉じます。

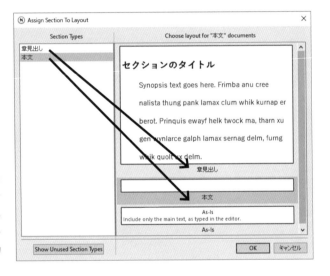

コンパイルを実行して出力されたファイルを確認してください。

6-4 コンパイル以外の出力

コンパイル以外にも出力する方法はあります。なかでも、縦書きエディターやAndroidで本文を編集したい場合に活用できる「外部フォルダ」は、アイデア次第でさまざまな活用ができるでしょう。

1 外部フォルダと同期する

　プロジェクト内のテキストを特定のフォルダへ書き出し、別のアプリケーションで編集した後に、ファイルを再度プロジェクトへ読み込むことができます。この機能を「外部フォルダとの同期」と呼びます。この機能のポイントは次の2つです。

- プロジェクト内のテキストを、RTF形式またはプレーンテキスト形式のファイルとして出力できる。
- 原稿を別のアプリで編集して、Scrivenerへ戻すことができる。
- 別のアプリで新しく作成したテキストをScrivenerへ取り込める。

　つまり、原稿や資料をScrivenerで管理しつつ、原稿の執筆には（内蔵ではなく）好みのテキストエディターや別の環境を使えるようになります。
　この機能の応用例としては次のものが考えられます。

- 「1行○文字」など、日本語の習慣に合わせたテキストエディターで執筆できる。
- 書き出す先のフォルダをDropboxなどのクラウドストレージで同期すると、モバイル端末で執筆できる。

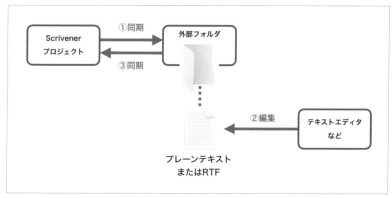

「外部フォルダとの同期」機能とクラウドストレージを使ってモバイル端末で執筆する流れ

> **NOTE**
> 実際の原稿で同期を実行する前に、テストのプロジェクトを作って動作をよく確かめることを強くおすすめします。使い方によっては大切な原稿を失うおそれがあります。

● 同期の設定から1回目の同期まで

STEP 01

同期に使うフォルダを新しく作成します。トラブルの原因になるので、原稿とは関係のないファイルを入れないでください。

作成する場所は用途に応じて工夫してください。たとえば、同じPCにある別のアプリで編集するのであれば、「ドキュメント」フォルダ以下がよいでしょう。もしも別の端末で編集するのであれば、たとえばDropboxで同期するフォルダ以下がよいでしょう。

STEP 02

同期したいプロジェクトを開きます。ここではサンプルとして、フォルダとテキストから構成される簡単なプロジェクトを使います。

STEP 03

[ファイル] → [同期] → [外部フォルダと同期]を選びます。これは、外部フォルダと同期するときの設定を開くコマンドです。ウィンドウが開いたら必要に応じて設定します。重要な設定のみ紹介します。

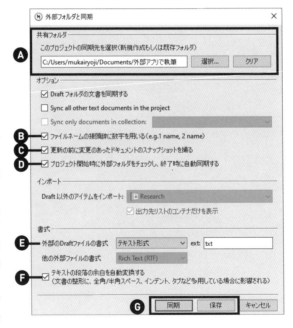

Ⓐ「このプロジェクトの同期先を選択」:「選択...」ボタンをクリックして、最初のステップで作成したフォルダを選びます。

Ⓑ「ファイルネームの接頭辞に数字を用いる」:書き出したファイルの先頭に通し番号を自動的につけます。バインダーと同じ順番に揃えやすくなります。

Ⓒ「更新の前に変更のあったドキュメントのスナップショットを撮る」:プロジェクト内のファイルが上書きされる場合に、スナップショットを作成して履歴を残します。

Ⓓ「プロジェクト開始時に外部フォルダをチェックし、終了時に自動同期する」:プロジェクトファイルを開くときに外部フォルダを確認して、更新する必要があれば同期を実行するダイアログを表示します（キャンセルもできます）。また、プロジェクトファイルを閉じるときに、自動的に同期を実行します。同期忘れを防ぐのに役立ちます。

Ⓔ「外部のDraftファイルの書式」:初期設定は「Rich Text（RTF）」ですが、iOSやAndroidのアプリで編集する場合は「テキスト形式」（プレーンテキスト）へ変更することをおすすめします。macOSや

WindowsにはRTFを編集できるフリーウェアのアプリは多数ありますが、iOSやAndroidにはほとんどないようです。

❺ 「テキストの段落の余白を自動変換する」：「余白」は誤訳で、段落間の空白、つまり空白行のことを指しています。オンにすると、Scrivenerからプレーンテキストへ書き出すときに、段落ごとに空白行が入ります。

❻ 「同期」「保存」：「同期」ボタンをクリックすると、このウィンドウの設定に従っていますぐ同期します。「保存」ボタンをクリックすると、設定のみを行い同期は行いません。

STEP
04
前のSTEPの**❻**「同期」ボタンをクリックします。同期が完了するとメッセージが表示されるので、「OK」ボタンをクリックします。

STEP
05
プロジェクトファイルを閉じます。このままプロジェクトファイルを開いていると、意図せず内容を書き換えてしまい、同期して書き出したファイルの内容が古くなるおそれがあります。
なお、STEP 03で「プロジェクト開始時に外部フォルダをチェックし、終了時に自動同期する」オプションをオンにしている場合は、プロジェクトを閉じれば自動的に同期します。

NOTE 混乱の原因になるので、Scrivenerと別のアプリで同時に編集することは避けてください。両方でファイルを編集すると、最終更新日時が新しいほうが優先されるようです。同じファイルを編集していなければ問題ありませんが、もしも両方で同じファイルを編集してしまうと、編集した内容を失うおそれがあります。

STEP
06
エクスプローラーへ切り替え、同期に使うフォルダを開き、どのように出力されたか確かめてみましょう。
ダイアログで指定したフォルダの中に「Draft」フォルダが作られ、その中にプロジェクト内のアイテムがプレーンテキストで出力されています。

フォルダもテキストで出力されます。Scrivenerの内部ではフォルダもファイルであることを思いだしてください。

ファイルの名前にはアイテムの名前が使われます。名前が付けられていない場合は、仮の名前が使われます。この機能を使う場合は、できるかぎりアイテムに名前を付けておくことをおすすめします。

● 外部アプリで編集してScrivenerへ戻す

外部アプリで内容を編集し、Scrivenerへ戻す流れを見てみましょう。また、外部アプリで新しいファイルを作ったときの扱い方も確かめておきましょう。

STEP
01

好みのエディターを使って、Scrivenerから書き出されたファイルの内容を書き換えます。図は「TATEditor」を使用しています。

STEP
02

さらに、同期用のフォルダに、「NewFile.txt」という名前で新しいファイルを追加します。

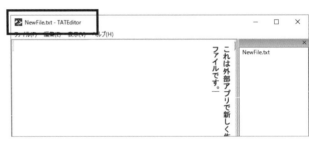

STEP
03

Scrivenerのプロジェクトを開きます。「プロジェクト開始時に外部フォルダをチェックし、終了時に自動同期する」オプションがオンであれば、自動的にフォルダをチェックし、内容が更新されていればいますぐ同期を行うよう促します。同期するには「OK」ボタンをクリックします。

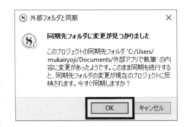

STEP
04

[ファイル] → [同期] → [外部フォルダと同期] を選んだときと同じウィンドウが開きます。とくに必要がなければ「同期」ボタンをクリックします。

STEP
05

同期が完了するとメッセージが表示されます。「OK」ボタンをクリックしてウィンドウを閉じます。

STEP
06

更新されたファイルの一覧を「Updated Documents」として表示します。この欄の使い方はコレクションと同じです。内容を確認したら「Binder」をクリックするか、「Updated Documents」を閉じます。

STEP
07

同期した結果をプロジェクトで確認しましょう。

🅐外部アプリで編集した内容が反映されています。

🅑概要などの属性はプロジェクト内にあるので維持されています。

🅒外部アプリで新しく作成したファイルは、バインダーでの位置が指定されていません。必要に応じて整理してください。

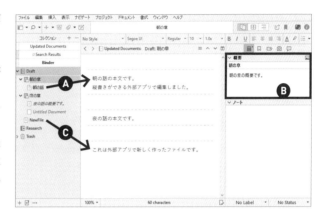

NOTE 設定画面の「テキストの段落の余白を自動変換する」がオンのときは、段落ごとに空白行が入ります。外部アプリで編集するときに空白行を入れなくても自動変換されるようですが、空白行が気になる場合はオフにしてください。

● 2回目以後の同期

　2回目以降の同期は、「プロジェクト開始時に外部フォルダをチェックし、終了時に自動同期する」オプションに従って自動的に行われます。よって、手作業で同期を実行する必要はありません。

　もしも手作業でいますぐ同期を実行したい場合は、［ファイル］→［同期］→［今すぐ外部フォルダと同期］を選びます。

● アイテムが増えたときの対策

　外部フォルダとの同期は、アイテムの数が増えると目的のファイルを探すのが難しくなります。バインダーでフォルダだったアイテムがテキストとして出力されるうえに、すべてのアイテムが同じ階層に並ぶからです。対策としては2つの方法が考えられます。

　1つは、同期したときに章の境界がわかるように、たとえば「-----」などの見分けやすい名前で区切り用のフォルダを入れることです。区切り用のフォルダは実際の原稿では意味を持たないので、コンパイルの対象から外します。

Chapter **6** 出力する

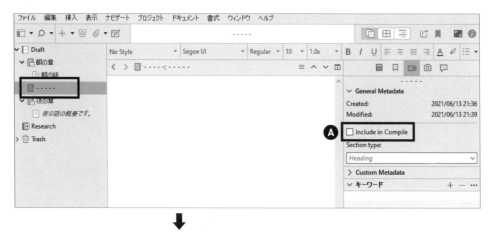

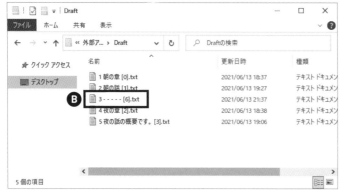

区切り用のフォルダを挿入する

Ⓐ コンパイルしたときに出力されないように、[ナビゲート] → [Inspect] → [Custom Metadata] を選び、「Include in Compile」《コンパイルに含める》オプションをオフにします。

Ⓑ プロジェクトでの章区切りがわかりやすくなります。

　もう1つの方法は、コレクションを使って同期するアイテムを限定するものです。同期対象には特定のコレクションを指定できるので、外部エディターで編集したいアイテムを同期用コレクションへ登録すれば、必要なテキストだけを同期できます。

　指定するコレクションは、プロジェクト検索から作成したものと、手作業で登録したもの、どちらでも使えます（それぞれ「5.1.4 検索条件をコレクションとして保存する」「5.5.6 コレクションで分類する」を参照）。

　ただし、あらかじめ必要なアイテムをコレクションへ登録する必要があるので、そのときどきで書きたいテキストが変わるような執筆スタイルの方には向きません。

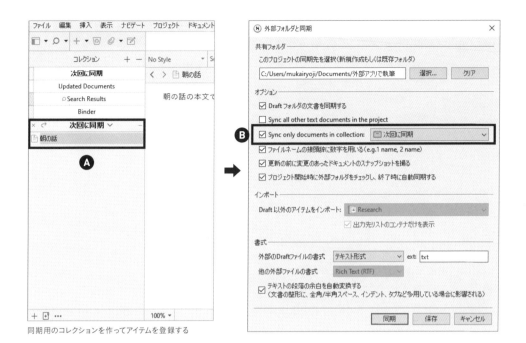

同期用のコレクションを作ってアイテムを登録する

Ⓐ 同期用のコレクションを作り、次回に同期したいアイテムを手作業で登録します。

Ⓑ [外部フォルダと同期] ウィンドウでは、「Sync only documents in collection」《コレクション内のドキュメントのみを同期》オプションをオンにして、同期用のコレクションを指定します。

● 設定の変更と中止

　同期の設定を変えるには、プロジェクトファイルを開いてから [ファイル] → [同期] → [外部フォルダと同期] を選び、内容を変更したらウィンドウ下端にある「保存」ボタンをクリックしてウィンドウを閉じます。

　同期をやめるには、共有フォルダの設定にある「クリア」ボタンをクリックしてから、「保存」ボタンをクリックします。

同期をやめるにはフォルダ指定をクリア

6-4 コンパイル以外の出力　281

2 ほかのOSやバージョンとプロジェクトを交換する

作成したプロジェクトを、ほかのOSや、バージョンの異なるScrivenerと交換する方法を紹介します。旧バージョンで作成したプロジェクトを読み込むこともできます。

● Windows版Ver.1用に書き出す

作成したプロジェクトをWindows版Ver.1で読み込むには、変換する必要があります。目的のプロジェクトを開いてから、[ファイル]→[エクスポート]→[as Scrivener v1...]を選びます。

保存先のフォルダを尋ねられたら、いま開いているプロジェクトが保存されるフォルダとは別のフォルダを指定します。このコマンドは、いま開いているプロジェクトと同じ名前でVer.1用のプロジェクトフォルダをエクスポートするため、もしも同じフォルダを指定すると上書きしようとして、結局エクスポートに失敗します。

● Windows版Ver.1で作成したプロジェクトを開く

Windows版Ver.1で作成したプロジェクトを読み込むにも、変換する必要があります。ただし、変換自体は自動で行われるので、通常と同じようにプロジェクトを開き、確認のウィンドウで「OK」ボタンをクリックするだけです。

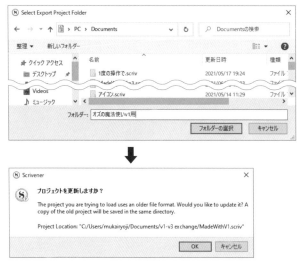

Windows版Ver.1で作成したプロジェクトを開く

元のVer.1用のプロジェクトは「(元のプロジェクト名)バックアップ.scriv」という名前でバックアップされます。

● iOS版と交換する

iOS版とWindows版Ver.3は、変換することなく相互に扱えます。

● macOS版Ver.3と交換する

macOS版Ver.3と、Windows版Ver.3は、変換することなく相互に扱えます。

● macOS版Ver.2用に書き出す

macOS版Ver.2で作成したプロジェクトは、Windows版Ver.1と互換性があります。Windows版Ver.1用に書き出すときと同じで、[ファイル] → [エクスポート] → [as Scrivener v1...] を選んで書き出してください。

┃ 3 ┃ 複数の端末で執筆する

複数の端末にScrivenerをインストールして、同じプロジェクトを端末を変えて執筆を続けたい場合の注意点を、以下に簡単に紹介します。

● プロジェクトの互換性

作成したプロジェクトを、ほかのOSや、バージョンの異なるScrivenerと交換するには、場合によってはあらかじめ準備が必要です。詳細は「6.4.2 ほかのOSやバージョンとプロジェクトを交換する」を参照してください。

● 使用するOSのライセンスを用意する

Scrivenerには、Windows版のほかに、macOS版、iOS版があります。ライセンスはOSごとに購入する必要があります。

● プロジェクトのクラウド同期にはDropboxを使う

クラウドストレージにプロジェクトを置いて執筆する場合は、Dropboxを使ってください。開発元のサポート情報によれば、OneDrive、Googleドライブ、iCloud Driveは使わないことが強く推奨されています。

➡「Using Scrivener with Cloud-Sync Services」
https://scrivener.tenderapp.com/help/kb/cloud-syncing/using-scrivener-with-cloud-sync-services

Dropboxを使えない場合は、プロジェクトフォルダを圧縮して1つのファイルにまとめてからクラウドストレージへアップロードします。プロジェクトをダウンロードする側のPCでは、いったんローカルディスクへ展開してください。

● クラウドの同期の完了を待つ

Scrivenerのプロジェクトフォルダには数多くのファイルがあり、複雑な構成になっているため、クラウドストレージの同期が終わる前にプロジェクトを開いたり、PCをスリープしたりしないように注意してください。

Chapter 6

出力する

6-4 コンパイル以外の出力　283

4 OPML形式で出力する

　バインダーで選択したアイテムをOPML形式のファイルへ出力できます。マインドマップやアウトライナーと呼ばれるジャンルのアプリにはOPML形式の入出力に対応するものが多くあるので、それらを利用している方はScrivenerと併用できます。

OPML形式で出力する

① 出力したいアイテムをバインダーで選択します。もしも原稿全体を出力したい場合は、このステップは不要です。

② ［ファイル］→［エクスポート］→［OPML or Mindmap File...］を選びます。

③ ウィンドウが開いたら、必要に応じてオプションを選択します。選択した範囲だけを出力するには、「バインダー全体をエクスポート」オプションをオフにします。

④ エクスポートしたファイルを開いて確認してください。

NOTE OPML形式のファイルの読み込みについては、「3.5.4 OPML形式のファイルを読み込む」を参照してください。

INDEX

［著者プロフィール］

向井領治　むかい・りょうじ

IT技術書のライター兼エディター。1969年生まれ。信州大学人文学部卒業後、パソコン
ショップや出版社などの勤務を経て、96年よりフリー。
単著に『「明日からSlack使って」と言われたら読む本』（ラトルズ）、『考えながら書く人のた
めのScrivener入門 Ver.3対応 改訂版』（ビー・エヌ・エヌ）、『はじめての技術書ライティ
ング』（インプレスR＆D）など。本書は単著30点目。共著に『ノンプログラマーなMacユーザー
のためのGit入門』（ラトルズ）など31点。

Web: https://mukairyoji.com
Twitter: @mukairyoji

考えながら書く人のための
Scrivener入門　for Windows
小説・論文・レポート、長文を書きたい人へ

2021年8月15日 初版第1刷発行

著者	向井領治
デザイン	waonica
編集・DTP	ピーチプレス／芹川宏
印刷・製本	シナノ印刷株式会社
発行人	上原哲郎
発行所	株式会社ビー・エヌ・エヌ
	〒150-0022　東京都渋谷区恵比寿南一丁目20番6号
	Fax: 03- 5725-1511
E-mail	info@bnn.co.jp
URL	www.bnn.co.jp

Printed in Japan
ISBN 978-4-8025-1227-5